新バイオテクノロジーテキストシリーズ

バイオ英語入門

NPO法人 **日本バイオ技術教育学会** 監修

池北 雅彦・田口 速男 著

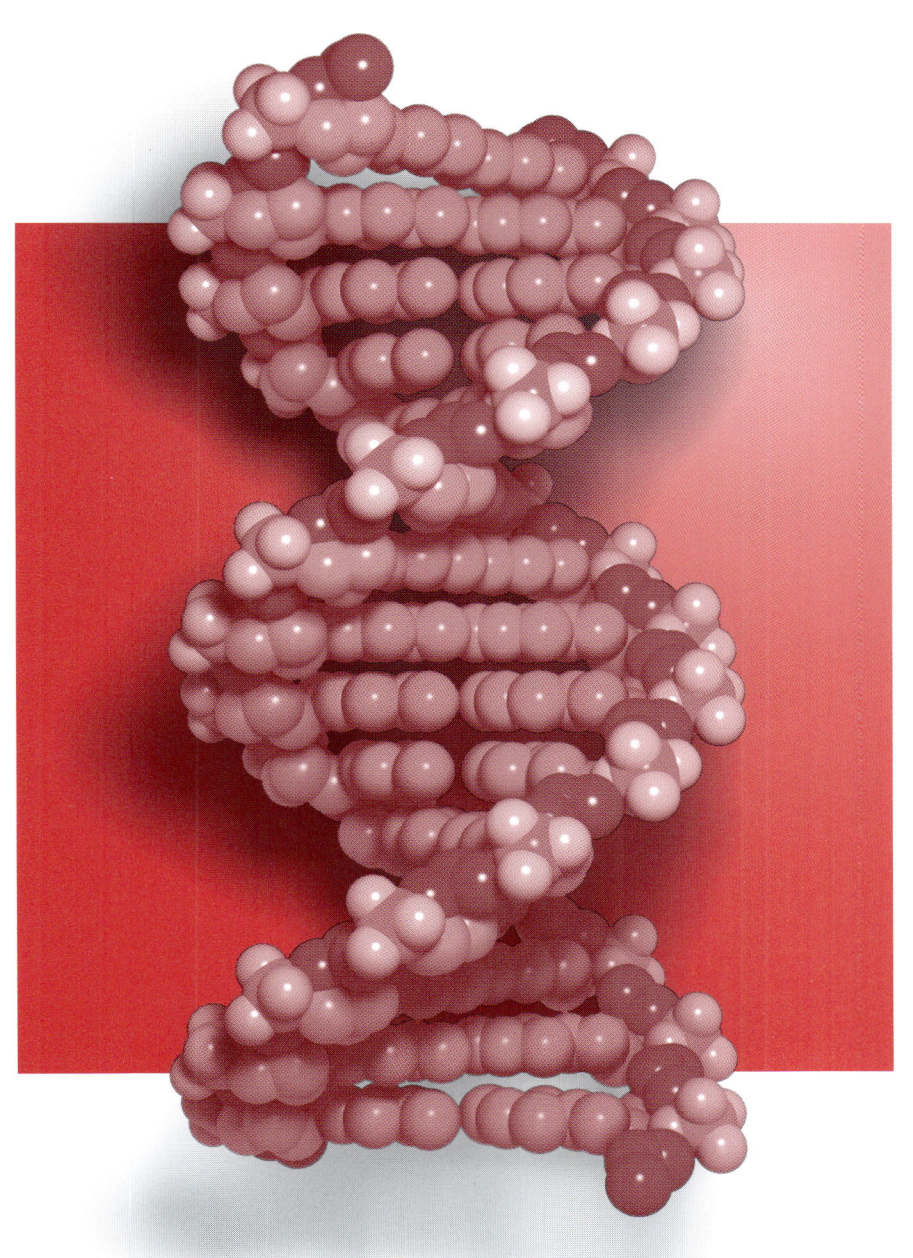

講談社

監修の言葉

　21世紀を迎えて早くも10年が過ぎ去りました．本学会の事務局は新バイオテクノロジーテキストシリーズの作成を計画してきましたが，今年から皆様に使用していただけるようになりました．完成したものからお手元にお届けするつもりです．
　新シリーズの作成に向け，執筆していただく先生方にお願いしたことは次のような点です．

・最新の知見を盛り込んだシリーズにリニューアルする．
・現在のバイオテクノロジーの基礎をもれなく学ぶことができる．
・入門テキストとして，専門学校のみならず大学生命科学系学部の標準レベルにちょうど良い．
・バイオ技術者認定試験の新しいガイドラインに完全対応する．

　さて「バイオ英語入門」をお届けいたしますが，本書はこれまでとは異なり面目を新たにしたスタイルになっております．お忙しい中大変なご努力を頂いた著者の先生方に厚く感謝いたします．
　コンピューター言語が英語である以上，どのような分野で働くにせよ，英語の学習は不可欠です．バイオテクノロジーの分野も例外ではありません．専門用語を簡単に紹介した後，バイオテクノロジーを可能にした研究について，比較的長い文章を紹介しつつ，バイオテクノロジーの専門用語を拾い出して説明が加えられています．これまでバイオを勉強したことのない社会人の方々にも，論文の表題，要約が理解できるように配慮されています．
　認定試験の準備のためだけではなく，バイオ英語が自然に学習できるように構成されていますので，多くの人々に利用されることを願っています．

2013年2月
NPO法人 日本バイオ技術教育学会
理事長 **小野寺一清**

はじめに

　1953年にジェームス・ワトソンとフランシス・クリックがDNAの立体構造を明らかにしてからわずか50年足らずで，だれが現在のようなバイオテクノロジーの急速な展開を予想できたであろう．アメリカエネルギー省がヒトゲノムの研究を開始した1986年から数えても約30年が経過したにすぎない．

　現在，世界のバイオ研究に関する競争は，ヒトをはじめとする，解読された膨大なDNA配列の中から意味のある遺伝子情報を見つけ出して，医療，食品，環境などさまざまな分野で応用する段階に入っている．とりわけ医療面においては，がん，高血圧，糖尿病などさまざまな難病の治療と予防などにかける期待がたいへん大きい．また，iPS細胞を用いた再生医療についても，京都大学の山中伸弥教授がノーベル生理学・医学賞を受賞したこともあって急速に展開されようとしている．

　このようななかにあって，コンピュータをはじめとするエレクトロニクス技術がここ数年のうちに多くの革新的ICT（情報通信技術）産業を生み出し，世界の経済機構を一変させたように，生命科学の知見を基礎とするバイオテクノロジーが，21世紀の産業に大きな変化と進歩をもたらすことは確実である．

　このような，バイオテクノロジーを支えるのは高度なバイオサイエンスであり，バイオ産業を支えるのは専門性に優れた人材である．したがって，バイオの世界をこれから支えていくものは，究極的には基礎研究と専門教育である．この基盤を支え，高度化かつ多様化するバイオ技術を駆使できる優秀なスペシャリストの養成が急がれている．

　すでに著者らが2004年に執筆したバイオテクノロジーテキストシリーズの「バイオ英語」では，生化学，微生物学，分子生物学，遺伝子工学などの分野できわめて中心的な位置を占める英文のテキスト類の中から重要と思われる一節を抜き出して解説してきた．しかしながら圧倒的に多くの専門学校からの要請が，バイオ関連の基本事項である実験系についての英語表現と，ごく入門的な生化学，細胞工学，遺伝子工学などに関する英文の対訳であったことなどから，さらに平易な内容とすべく，2004年に刊行された初版の「基礎バイオ英語」をふまえて，「バイオ英語入門」として新たに改訂したものである．

　なお，本書を作成するにあたって内容に関する計画・立案では，元東京理科大学理工学部応用生物科学科木村孝一先生に大変お世話になり厚く御礼申しあげます．また刊行にあたっては，株式会社講談社サイエンティフィクの三浦洋一郎氏をはじめ多くの方々に大変お世話になりました．紙面を借りて厚く御礼申しあげます．

2013年2月

池北雅彦
田口速男

目次

監修の言葉 ………………………………………………………………… iii
はじめに …………………………………………………………………… v

第1章 単位とその表現　　1

1.1 数の表現　　1

1.2 単位系　　1

- A 接頭語 ………………………………………………………… 1
- B 長さ（length）を表す単位 …………………………………… 2
- C 重量（weight）を表す単位 …………………………………… 2
- D 時間（time）を表す単位 ……………………………………… 2
- E その他の単位 ………………………………………………… 3
- F 量（quantity）や時間の表現 ………………………………… 4

第2章 物質とその表現　　5

2.1 原子　　5

- A 原子（atom）の構造 …………………………………………… 5
- B 同位体（isotope）・元素記号（symbol of element） ……… 5
- C 元素名 ………………………………………………………… 6
- D 周期表（pediodic table） …………………………………… 7

2.2 化合物名　　8

- A 無機化合物（inorganic compounds） ……………………… 8
- B 有機化合物（organic compounds） ………………………… 9
- C 試薬（reagents）および抗生物質（antibiotics） …………… 9
- D 主な生体分子（biopolymer） ………………………………… 9
- E タンパク質を構成する基本20種のアミノ酸とその略記法 …… 11
- F 糖と糖関連分子（carbohydrates and related compounds） …… 12
- G 多用される略号 ……………………………………………… 12

2.3 代謝（metabolism）に関わる用語　　14

2.4 化学式（chemical formula），反応式（reaction formula）　　15

- A 化学式 ………………………………………………………… 15
- B 反応式 ………………………………………………………… 15

2.5 コロイド（colloid）　　16

第3章 実験器具　　17

3-1 基本的な実験器具　　17
- A 洗浄 (washing), 保存 (preservation) …… 17
- B 秤量 (weighing) …… 18
- C ピペット (pipet または pipette) …… 18
- D フラスコ (flask) …… 19
- E ビーカー (beaker) …… 20
- F 試験管 (tube) …… 20
- G 漏斗 (funnel)・ろ過 (filtration) …… 21
- H 混合 (mixing)・撹拌 (stirring) …… 22
- I 加熱 (heating) …… 23
- J 蒸留 (distillation) …… 23
- K pH メーター (pH meter) …… 24
- L マイクロプレートリーダー (microplate reader) …… 24
- M 滴定 (titration) …… 25
- N クロマトグラフィー (chromatography) …… 26
- O 遠心分離 (centrifugation) …… 27

3-2 バイオ実験機器・装置　　28
- A 滅菌 (sterilization) …… 28
- B 培養 (culture) …… 28
- C 顕微鏡 (microscope)・計数器 (counting chamber) …… 30
- D ゲル電気泳動 (gel electrophoresis) …… 31
- E 実験台 (laboratory bench) …… 32

第4章 生化学における英語表現　　33

4-1 細胞とは　　33
4-2 DNAとRNA　　36
4-3 酵素反応　　39
4-4 エネルギー代謝　　41
4-5 解糖系とTCA回路 (クエン酸回路)　　45
4-6 免疫とは何か　　48

| 4 | 7 | 神経 | 51 |
| 4 | 8 | ホルモン | 54 |

第5章 細胞工学における英語表現　57

5	1	微生物の培養	57
5	2	植物細胞とカルスの培養	60
5	3	細胞融合	62
5	4	モノクローナル抗体	64
5	5	トランスジェニック生物	67

第6章 遺伝子工学における英語表現　69

6	1	遺伝子の複製と発現	69
6	2	プラスミド	73
6	3	制限酵素	75
6	4	DNAの解析技術	77

索引 ……… 81

第1章 単位とその表現

物理量の基本，「長さ」，「質量」，「時間」を表すには「メートル(m)」，「キログラム(kg)」，「秒(s)」などの「単位」を用いる．このうち「メートル」は地球の大きさから，「キログラム」はこの「メートル」と水から，「秒」は地球の自転や公転から定義された．

1-1 数の表現

小数(decimal)や分数(fraction)などの英語の読み方の例は次の通りである．

2.5	two point five	$\sqrt{2}$	the square root of two
0.3	zero point three	exp x	exponential of x
1/2	one half	log y	logarithm (of) y
1/3	one third	ln z	natural logarithm of z
2/3	two thirds	a<b	a is less than b
1/10	one tenth	a>b	a is greater than b
1/100	one hundredth	1+2=3	one plus two equals three
2倍	two fold	5−1=4	five minus one equals four
1ミリメートル四方	1-mm square	6×7	six times seven (six multiplied by seven)
v^2	v squared		
w^3	w cubed	9÷8	nine divided by eight

1-2 単位系

国際単位系（International System of Units）とは国際度量衡総会が制定した単位系で，その基本単位(長さ，質量，時間など)をSI単位とよぶ．

A 接頭語

a 単位系において10の整数倍を表すには次のような接頭語を用いる

大きさ	記号	読み方	大きさ	記号	読み方
10^{24}	Y	yotta（ヨタ）	10^{-1}	d	deci（デシ）
10^{21}	Z	zetta（ゼタ）	10^{-2}	c	centi（センチ）
10^{18}	E	exa（エクサ）	10^{-3}	m	milli（ミリ）
10^{15}	P	peta（ペタ）	10^{-6}	μ	micro（マイクロ）
10^{12}	T	tera（テラ）	10^{-9}	n	nano（ナノ）
10^{9}	G	giga（ギガ）	10^{-12}	p	pico（ピコ）
10^{6}	M	mega（メガ）	10^{-15}	f	femto（フェムト）
10^{3}	k	kilo（キロ）	10^{-18}	a	atto（アト）
10^{2}	h	hecto（ヘクト）	10^{-21}	z	zepto（ゼプト）
10^{1}	da	deca（デカ）	10^{-24}	y	yocto（ヨクト）

b　1から12までの倍数接頭語は次のように用いる（ギリシャ語を英語名化している）

1	mono（モノ，一）	7	hepta（ヘプタ，七）
2	di（ジ，二）	8	octa（オクタ，八）
3	tri（トリ，三）	9	nona（ノナ，九）
4	tetra（テトラ，四）	10	deca（デカ，十）
5	penta（ペンタ，五）	11	undeca（ウンデカ，十一）
6	hexa（ヘキサ，六）	12	dodeca（ドデカ，十二）

用例

　carbon dioxide（二酸化炭素）CO_2

　diphosphorus pentaoxide（五酸化二リン）P_2O_5

B　長さ（length）を表す単位

長さはm（meter，メートル）を基本単位とし，前述した接頭語が付いて大小関係が表される．

- 10^{-9} m（meter，メートル）= 10^{-6} mm（millimeter，ミリメーター）= 10^{-3} μm（micrometer，マイクロメーター）= 1 nm（nanometer，ナノメーター）

＜よく使われる長さの単位＞

- 1 μ（micron，ミクロン）= 1 μm
- 1 Å（angstrom，オングストローム）= 10^{-10} m = 10^{-1} nm

C　重量（weight）を表す単位

重量はkg（キログラム）を基本として表される．

- 1 kg = 10^3 g（gram，グラム）= 10^6 mg（milligram，ミリグラム）= 10^9 μg（microgram，マイクログラム）= 10^{12} ng（nanogram，ナノグラム）

D　時間（time）を表す単位

基本単位は秒（second，セコンド）でsec（またはs）と略される．なお，上の単位として分（minute，ミニット），時（hour，アワー）があり，それぞれ60倍になる．

- 1 h（1 hour，1時間）= 60 min（60 minutes，60分）= 3600 sec（3600 seconds，3600秒）

なお，秒を中心にした単位系は次のように示される．

- 1 sec = 10^3 msec（millisecond，ミリ秒）= 10^6 μsec（microsecond，マイクロ秒）= 10^9 nsec（nanosecond，ナノ秒）

E その他の単位

a 熱力学的温度（thermodynamic temperature）

絶対温度（absolute temperature）ともいう．熱力学的温度のSI単位をケルビン（kelvin）といい，記号をKで表す．水の三重点（気体・液体・固体の3つの相が平衡になる点）の熱力学的温度273.16 Kの1/273.16を1 Kとする．セ氏温度（Celsius temperature）は273.15 Kを原点としてケルビンと同じ目盛（scale）で目盛ったもので，単位は℃を用いる．絶対温度Tとセ氏温度T_cの関係は，$T_c = T - 273.15$である．セ氏20℃の英語表現はtwenty degrees centigradeである．

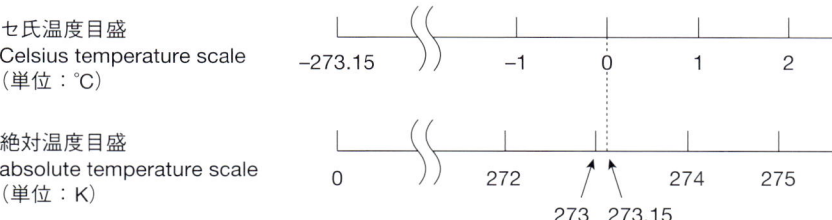

b 熱量（amount of heat）・エネルギー（energy）など

代謝により消費する熱量や，食物として摂取して得られる熱量の測定にあたっては，次の単位系が使用される．

・1 cal（calorie, カロリー）= 4.184 J（joul, ジュール）

c 溶液の濃度（concentration of solution）

(1) weight percent（wt％, 質量百分率）は溶質（solute）の質量を溶媒（solvent）の質量と溶質の質量の和で除した百分率のことである．

(2) volume percent（vol％, 体積百分率）は溶質が液体のときに用いられる．ただし，1 mL = 1 × 10^{-3} dm^{3}である．

(3) molar concentration；molarity（mol/L = M, モル濃度）は溶液1 L中の溶質のモル濃度のことで，分子量Mの溶質x（g）を溶かした溶液y（mL）のモル濃度は以下のように表される．

$$M = \frac{(x/M)}{y} \times 1000$$

(4) 濃度を表す比率量

・ppm（parts per million, 百万分率）は10^{-6}を，
  ppb（parts per billion, 十億分率）は10^{-9}を表す．

文例

・Molarity is defined as the number of moles per liter of solution.
〔モル濃度は1リットルの溶液中のモル数と定義される〕

量（quantity）や時間の表現

実験操作などにおける分量や時間の表現の例は次の通りである．

less than 10 mL（＝10 mL or less）	10ミリリットル以下
below pH7	pH7未満
greater than 5 mL	5ミリリットル以上
Multiply by 100.	100倍する
Divide by 100.	100で割る
～ every 10 minutes	10分ごとに～
～ at a time point	ある時刻での～
～ at zero time	時刻0での～
～ around pH7	pH7付近で～（約pH7で～）
～ between 30 and 60	30から60の間で～

第2章 物質とその表現

2-1 原子

　物質を構成する基本的な粒子を原子（atom）という．原子の中心の原子核は正電気をもつ陽子と中性子とからできている．同位体（isotope）とは，原子番号が等しく，質量数が異なる核種をさし，アイソトープともいう．放射性の同位体はラジオアイソトープ（radioisotope）とよばれる．すべての物質のもとになっている最も基本となる成分を元素といい，元素名のラテン語・ギリシャ語などの頭文字，または，それとつづり字の小文字1字を組み合わせて表す．

A 原子（atom）の構造

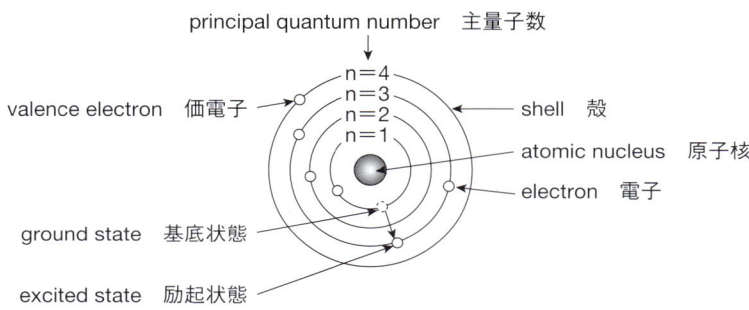

B 同位体（isotope）・元素記号（symbol of element）

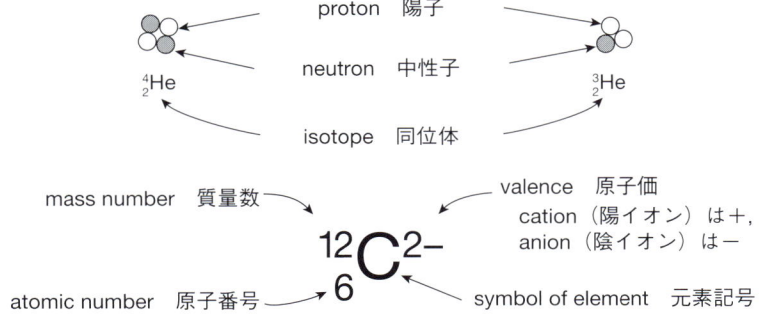

文例

- Radioactive isotopes must be kept in a shielded container during storage and transportation.
〔すべての放射性同位体は，保存および輸送の間，遮へいされた容器に入れておかなければならない〕

元素名

原子番号	元素名	元素記号	英名	原子番号	元素名	元素記号	英名
1	水素	H	Hydrogen	56	バリウム	Ba	Barium
2	ヘリウム	He	Helium	57	ランタン	La	Lanthanum
3	リチウム	Li	Lithium	58	セリウム	Ce	Cerium
4	ベリリウム	Be	Beryllium	59	プラセオジム	Pr	Praseodymium
5	ホウ素	B	Boron	60	ネオジム	Nd	Neodymium
6	炭素	C	Carbon	61	プロメチウム	Pm	Promethium
7	窒素	N	Nitrogen	62	サマリウム	Sm	Samarium
8	酸素	O	Oxygen	63	ユウロピウム	Eu	Europium
9	フッ素	F	Fluorine	64	ガドリニウム	Gd	Gadolinium
10	ネオン	Ne	Neon	65	テルビウム	Tb	Terbium
11	ナトリウム	Na	Sodium	66	ジスプロシウム	Dy	Dysprosium
12	マグネシウム	Mg	Magnesium	67	ホルミウム	Ho	Holmium
13	アルミニウム	Al	Aluminium	68	エルビウム	Er	Erbium
14	ケイ素	Si	Silicon	69	ツリウム	Tm	Thulium
15	リン	P	Phosphorus	70	イッテルビウム	Yb	Ytterbium
16	硫黄	S	Sulfur	71	ルテチウム	Lu	Lutetium
17	塩素	Cl	Chlorine	72	ハフニウム	Hf	Hafnium
18	アルゴン	Ar	Argon	73	タンタル	Ta	Tantalum
19	カリウム	K	Potassium	74	タングステン	W	Tungsten
20	カルシウム	Ca	Calcium	75	レニウム	Re	Rhenium
21	スカンジウム	Sc	Scandium	76	オスミウム	Os	Osmium
22	チタン	Ti	Titanium	77	イリジウム	Ir	Iridium
23	バナジウム	V	Vanadium	78	白金	Pt	Platinum
24	クロム	Cr	Chromium	79	金	Au	Gold
25	マンガン	Mn	Manganese	80	水銀	Hg	Mercury
26	鉄	Fe	Iron	81	タリウム	Tl	Thallium
27	コバルト	Co	Cobalt	82	鉛	Pb	Lead
28	ニッケル	Ni	Nickel	83	ビスマス	Bi	Bismuth
29	銅	Cu	Copper	84	ポロニウム	Po	Polonium
30	亜鉛	Zn	Zinc	85	アスタチン	At	Astatine
31	ガリウム	Ga	Gallium	86	ラドン	Rn	Radon
32	ゲルマニウム	Ge	Germanium	87	フランシウム	Fr	Francium
33	ヒ素	As	Arsenic	88	ラジウム	Ra	Radium
34	セレン	Se	Selenium	89	アクチニウム	Ac	Actinium
35	臭素	Br	Bromine	90	トリウム	Th	Thorium
36	クリプトン	Kr	Krypton	91	プロトアクチニウム	Pa	Protactinium
37	ルビジウム	Rb	Rubidium	92	ウラン	U	Uranium
38	ストロンチウム	Sr	Strontium	93	ネプツニウム	Np	Neptunium
39	イットリウム	Y	Yttrium	94	プルトニウム	Pu	Plutonium
40	ジルコニウム	Zr	Zirconium	95	アメリシウム	Am	Americium
41	ニオブ	Nb	Niobium	96	キュリウム	Cm	Curium
42	モリブデン	Mo	Molybdenum	97	バークリウム	Bk	Berkelium
43	テクネチウム	Tc	Technetium	98	カリホルニウム	Cf	Californium
44	ルテニウム	Ru	Ruthenium	99	アインスタイニウム	Es	Einsteinium
45	ロジウム	Rh	Rhodium	100	フェルミウム	Fm	Fermium
46	パラジウム	Pd	Palladium	101	メンデレビウム	Md	Mendelevium
47	銀	Ag	Silver	102	ノーベリウム	No	Nobelium
48	カドミウム	Cd	Cadmium	103	ローレンシウム	Lr	Lawrencium
49	インジウム	In	Indium	104	ラザホージウム	Rf	Rutherfordium
50	スズ	Sn	Tin	105	ドブニウム	Db	Dubnium
51	アンチモン	Sb	Antimony	106	シーボーギウム	Sg	Seaborgium
52	テルル	Te	Tellurium	107	ボーリウム	Bh	Bohrium
53	ヨウ素	I	Iodine	108	ハッシウム	Hs	Hassium
54	キセノン	Xe	Xenon	109	マイトネリウム	Mt	Meitnerium
55	セシウム	Cs	Caesium				

D 周期表 (periodic table)

　元素を原子番号の順に並べると，いろいろな性質が周期的に変化するという規則性がある．これを元素の周期律とよび，元素を周期律にしたがって分類した表を周期表という．

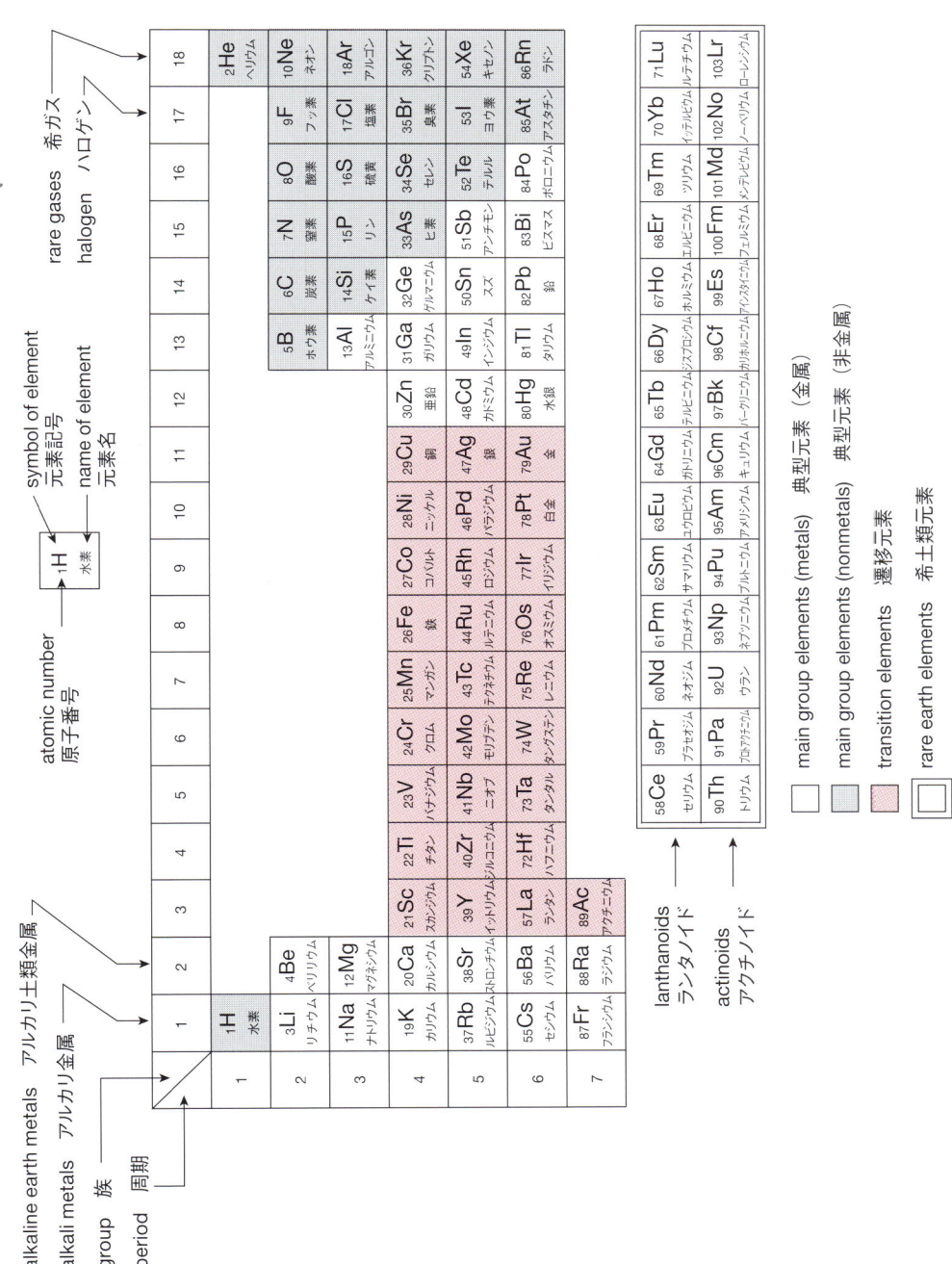

2 化合物名

2種類以上の元素が化学的に結合してできたものを化合物というが，このうち無機化合物は，大部分の炭素化合物を除いた化合物の総称で，無機物ともよび，最初は生物に関係ない化合物を意味していた．これに対し分子中に炭素を含み，炭素が原子結合の中心となっている化合物を有機化合物といい，有機物ともよばれる．有機化合物は分子量の大きなものが多く，その構造も複雑で，原子の結合に変化が多く，化合物の種類も非常に多い．生命を構成する大部分はこの有機化合物である．

A 無機化合物（inorganic compounds）

nitric oxide	一酸化窒素 NO	hypochlorite	次亜塩素酸塩
carbon dioxide	二酸化炭素 CO_2	sodium chloride	塩化ナトリウム $NaCl$
carbonic acid	炭酸 H_2CO_3	calcium chloride	塩化カルシウム $CaCl_2$
silicic acid	ケイ酸 H_4SiO_4	magnesium chloride	塩化マグネシウム $MgCl_2$
nitric acid	硝酸 HNO_3	iron chloride	塩化鉄 $FeCl_3$ または $FeCl_2$
phosphoric acid	リン酸 H_3PO_4	iron bromide	臭化鉄 $FeBr_3$ または $FeBr_2$
sulfuric acid	硫酸 H_2SO_4	copper oxide	酸化銅 CuO または Cu_2O
hydrochloric acid	塩酸 HCl	manganese dioxide	二酸化マンガン MnO_2
perchloric acid	過塩素酸 $HClO_4$	manganese sulfate	硫酸マンガン $MnSO_4$ または $Mn_2(SO_4)_3$
sodium hydrogencarbonate	炭酸水素ナトリウム $NaHCO_3$	copper sulfate	硫酸銅 $CuSO_4$ または Cu_2SO_4
sodium carbonate	炭酸ナトリウム Na_2CO_3	potassium permanganate	過マンガン酸カリウム $KMnO_4$
sodium dihydrogenphosphate	リン酸二水素ナトリウム NaH_2PO_4	sodium hydroxide	水酸化ナトリウム $NaOH$
carbonate	炭酸塩	potassium hydroxide	水酸化カリウム KOH
silicate	ケイ酸塩	ammonium hydroxide	水酸化アンモニウム NH_4OH
nitrate	硝酸塩 または硝酸エステル	ammonium sulfate	硫酸アンモニウム $(NH_4)_2SO_4$
phosphate	リン酸塩 またはリン酸エステル	calcium carbonate	炭酸カルシウム $CaCO_3$
chloroform	クロロホルム $CHCl_3$		

B 有機化合物 (organic compounds)

aliphatic compound	鎖状化合物	alcohol	アルコール
alkane	アルカン	methanol	メタノール
methane	メタン	ethanol	エタノール
ethane	エタン	glycerol, glycerin	グリセロール，グリセリン
propane	プロパン	phenol	フェノール
butane	ブタン	cresol	クレゾール
pentane	ペンタン	carboxylic acid	カルボン酸
hexane	ヘキサン	formic acid	ギ酸
heptane	ヘプタン	acetic acid	酢酸
octane	オクタン	benzoic acid	安息香酸
nonane	ノナン	benzenedicarboxylic acid	フタル酸
decane	デカン	hydroxybenzoic acid	サリチル酸
alkene	アルケン	aldehyde	アルデヒド
ethylene	エチレン	formaldehyde	ホルムアルデヒド
propene	プロペン	acetaldehyde	アセトアルデヒド
butene	ブテン	ketone	ケトン
alkyne	アルキン	acetone	アセトン
acetylene	アセチレン	benzaldehyde	ベンズアルデヒド
methylacetylene	メチルアセチレン	ester	エステル
aromatic compound	芳香族化合物	ethyl acetate	酢酸エチル
benzene	ベンゼン	ethyl benzoate	安息香酸エチル
naphthalene	ナフタレン	heterocyclic compound	複素環式化合物
derivative	誘導体	pyridine	ピリジン
toluene	トルエン	indole	インドール

C 試薬 (reagents) および抗生物質 (antibiotics)

抗生物質とは，微生物によってつくられる化学物質で，他の微生物（感染症の原因となる微生物）に対して作用し，その発育を阻止または死滅させる物質である．

ammonium acetate	酢酸アンモニウム	phosphate-buffered saline	リン酸緩衝化生理的食塩水
potassium acetate	酢酸カリウム	tetracycline	テトラサイクリン
acrylamide	アクリルアミド	streptomycin	ストレプトマイシン
ethidium bromide (EtBr)	臭化エチジウム	kanamycin	カナマイシン
trichloroacetic acid (TCA)	トリクロロ酢酸	ampicillin	アンピシリン
cesium chloride	塩化セシウム	chloramphenicol	クロラムフェニコール
tris-acetate-EDTA buffer	トリス-酢酸-EDTA緩衝液		

D 主な生体分子 (biopolymer)

生体分子とは，生物が生命活動をつかさどるために産生した分子で，生物の主要構

成単位である．分子レベルでは，タンパク質，核酸，糖類，生物が産生した有機分子・無機分子を含んでいる．

ⓐ 代謝化合物 (metabolic compounds)

pyruvic acid (pyruvate)：ピルビン酸
lactic acid (lactate)：乳酸
succinic acid (succinate)：コハク酸
citric acid (citrate)：クエン酸
carbamoyl phosphate：カルバモイルリン酸

ⓑ 脂質 (lipids)

phospholipid：リン脂質
triacylglycerol：トリアシルグリセロール

ⓒ 酵素 (enzymes)，タンパク質 (proteins)

hydrolase：加水分解酵素
protease：プロテアーゼ，タンパク質（加水）分解酵素
peptidase：ペプチダーゼ，ペプチド（加水）分解酵素
amylase：アミラーゼ，デンプン（加水）分解酵素
glycosidase：グリコシダーゼ，グリコシド結合（加水）分解酵素
lipase：脂質（加水）分解酵素
nuclease：ヌクレアーゼ，核酸（ホスホジエステル結合）加水分解酵素
deoxyribonuclease (DNase)：デオキシリボヌクレアーゼ（DNA分解酵素）
ribonuclease (RNase)：リボヌクレアーゼ（RNA分解酵素）
exonuclease：エキソヌクレアーゼ
phosphatase：ホスファターゼ，脱リン酸化酵素，リン酸エステル加水分解酵素
alkaline phosphatase：アルカリホスファターゼ
oxidase：オキシダーゼ，酸化酵素
reductase：レダクターゼ，還元酵素
dehydrogenase：デヒドロゲナーゼ脱水素酵素
hydrase：ヒドラーゼ，加水酵素
dehydrase：デヒドラーゼ，脱水酵素
isomerase：イソメラーゼ，異性化酵素
racemase：ラセマーゼ，ラセミ化酵素
transferase：トランスフェラーゼ，転移酵素
kinase：キナーゼ，リン酸化酵素

lyase：リアーゼ，解裂酵素
ligase：リガーゼ，連結酵素
synthetase, synthase：シンテターゼ，シンターゼ，合成酵素
chaperon：シャペロン，介添えタンパク質
albumin：アルブミン
cytochrome：チトクロム，シトクロム
globin：グロビン
immunoglobulin：免疫グロブリン

E タンパク質を構成する基本20種のアミノ酸とその略記法

アミノ酸の略記法は，タンパク質のアミノ酸配列を記載するうえで重要であり，汎用されている．

また，タンパク質を構成している各アミノ酸の単位をアミノ酸残基（amino acid residue）といい，論文中ではしばしばAAあるいはaaと略される．分析手段によってはアスパラギンとアスパラギン酸の区別を付けられないことがあり，こうした場合はこれらをまとめてAsx（1文字表記ではB）と表すことがある．同様にグルタミンとグルタミン酸の場合はGlx（1文字表記ではZ）で表す．

amino acid アミノ酸	3文字表記	1文字表記	amino acid アミノ酸	3文字表記	1文字表記
alanine アラニン	Ala	A	arginine アルギニン	Arg	R
asparagine アスパラギン	Asn	N	aspartic acid or aspartate アスパラギン酸	Asp	D
cysteine システイン	Cys	C	glutamine グルタミン	Gln	Q
glutamic acid or glutamate グルタミン酸	Glu	E	glycine グリシン	Gly	G
histidine ヒスチジン	His	H	isoleucine イソロイシン	Ile	I
leucine ロイシン	Leu	L	lysine リシン	Lys	K
methionine メチオニン	Met	M	phenylalanine フェニルアラニン	Phe	F
proline プロリン	Pro	P	serine セリン	Ser	S
threonine トレオニン	Thr	T	tryptophan トリプトファン	Trp	W
tyrosine チロシン	Tyr	Y	valine バリン	Val	V

糖と糖関連分子（carbohydrates and related compounds）

　単糖，オリゴ糖，多糖を総称して糖あるいは糖質，炭水化物とよぶ．糖質は，基本的にC，H，Oの3元素からなり，一般に$(CH_2O)_n$で表される．

N-acetyl glucosamine (GlcNAc)：N-アセチルグルコサミン
N-acetyl neuramic acid (NeuAc)：N-アセチルノイラミン酸
arabinose (Ara)：アラビノース
2-deoxyglucose (dGlc)：2-デオキシグルコース
fructose (Fru)：フルクトース（果糖）
fucose (Fuc)：フコース
galactose (Gal)：ガラクトース
glucosamine (GlcN)：グルコサミン
glucose (Glc)：グルコース（ブドウ糖）
lactose (Lac)：ラクトース（乳糖）
maltose (Mal)：マルトース
mannose (Man)：マンノース
muramic acid (Mur)：ムラミン酸
ribose (Rib)：リボース
sialic acid (Sia)：シアル酸
sucrose (Suc)：スクロース
xylose (Xyl)：キシロース

多用される略号

　多くの科学文献においては，以下の略号は注釈抜きで用いられる．

ⓐ 核酸関連物質，補酵素，酵素基質など

DNA (deoxyribonucleic acid)：デオキシリボ核酸
cDNA (complementary DNA)：相補的DNA
mtDNA (mitochondrial DNA)：ミトコンドリアDNA
RNA (ribonucleic acid)：リボ核酸
mRNA (messenger RNA)：メッセンジャー（伝令）RNA
rRNA (ribosomal RNA)：リボソームRNA
tRNA (transfer RNA)：トランスファー（転移）RNA
hnRNA (heterogeneous nuclear RNA)：ヘテロ核RNA
AMP, ADP, ATP (adenosine 5′-mono, di, triphosphate)：
　　　アデノシン5′-一，二，三リン酸

CMP, CDP, CTP (cytidine 5'-mono, di, triphosphate)：シチジン5'-一，二，三リン酸
GMP, GDP, GTP (guanosine 5'-mono, di, triphosphate)：
　　　グアノシン5'-一，二，三リン酸
UMP, UDP, UTP (uridine 5'-mono, di, triphosphate)：ウリジン5'-一，二，三リン酸
TMP, TDP, TTP (ribosylthymine 5'-mono, di, triphosphate)：
　　　リボシルチミン5'-一，二，三リン酸
dTMP, dTDP, dTTP (thymidine 5'-mono, di, triphosphate)：
　　　チミジン5'-一，二，三リン酸
cAMP (cyclic AMP, adenosine 3':5'-monophosphate)：
　　　サイクリックAMP，アデノシン3':5'-一リン酸
cGMP (cyclic GMP, adenosine 3':5'-monophosphate)：
　　　サイクリックGMP，グアノシン3':5'-一リン酸
IMP, IDP, ITP (inosine 5'-mono, di, triphosphate)：イノシン5'-一，二，三リン酸
NAD, NAD$^+$, NADH (nicotinamide adenine dinucleotide, and its oxidized and reduced form)：ニコチンアミドアデニンジヌクレオチド，およびその酸化型と還元型
NADP, NADP$^+$, NADPH (nicotinamide adenine dinucleotide phosphate, and its oxidized and reduced form)：
　　　ニコチンアミドアデニンジヌクレオチドリン酸，およびその酸化型と還元型
DPN (diphosphopyridine nucleotide)：
　　　ジホスホピリジンヌクレオチド．NADのこと（主に古い文献）
FAD and FADH$_2$ (flavin adenine dinucleotide and its fully reduced form)：
　　　フラビンアデニンジヌクレオチドとその完全還元型
FMN (flavin mononucleotide, or riboflavin 5'-phosphate)：
　　　フラビンモノヌクレオチド，あるいはリボフラビン5'-リン酸
GSH and GSSG (glutathione and its disulfide form)：
　　　グルタチオンとそのジスルフィド結合（酸化）型
CoA, or CoASH (coenzyme A)：コエンザイムA，または補酵素A
AdoMet, or SAM (S-adenosylmethionine)：S-アデノシルメチオニン
Pi (inorganic phosphate)：無機リン酸
PPi (inorganic pyrophosphate)：無機ピロリン酸

b タンパク質

Hb, HbO$_2$ (hemoglobin, oxyhemoglobin)：
　　　ヘモグロビン，オキシ（酸素結合）ヘモグロビン
Mb, MbO$_2$ (myoglobin, oxymyoglobin)：ミオグロビン，オキシ（酸素結合）ミオグロビン

Ig (immunoglobulin)：免疫グロブリン　例：IgG，IgM など

c 汎用される生化学試薬類

CM-cellulose (*O*-carboxymethylcellulose)：カルボキシメチルセルロース

DTT (dithiothreitol)：ジチオトレイトール

DEAE-cellulose (diethylaminoethyl cellulose)：ジエチルアミノエチルセルロース

DFP (diisopropyl fluorophosphate)：ジイソプロピルフルオロリン酸

PMSF (phenylmethanesulfonyl fluoride)：フェニルメタンスルホニルフルオリド

DNP (2,4-dinitrophenol)：2,4-ジニトロフェノール

EDTA (ethylenediaminetetraacetic acid)：エチレンジアミン四酢酸

EGTA (ethyleneglycol bis (2-aminoethylethel)tetraacetic acid)：
　　　　エチレングリコールビス（2-アミノエチルエーテル）四酢酸

Hepes or HEPES(4-(2-hydroxyethyl)-1-piperazineethanesulfonic acid)：
　　　　ヘペス．4-(2-ヒドロキシエチル)-1-ピペラジンエタンスルホン酸

Mes or MES (2-morpholinoethanesulfonic acid)：
　　　　メス．2-モルフォリノエタンスルホン酸

Mops or MOPS (3-morpholinopropanesulfonic acid)：
　　　　モプス．3-モルフォリノプロパンスルホン酸

SDS (sodium dodecylsulfate)：ドデシル硫酸ナトリウム

Tris (tris(hydroxymethyl)aminomethane)：
　　　　トリス．トリス（ヒドロキシメチル）アミノメタン

❷ ③ 代謝（metabolism）に関わる用語

　生体系が各種の活動を行うのに必要なエネルギーを取り入れ利用する全過程を代謝という．一連の連続した酵素反応と多くの化学的中間体を経由して進行する．

respiratory chain：呼吸鎖

alcohol fermentation：アルコール発酵

lactic acid fermentation：乳酸発酵

salvage pathway：サルベージ経路（再利用経路）

de novo pathway：新生経路（デノボ経路）

dihydrofolate reductase：ジヒドロ葉酸還元酵素

hypoxanthine-guanine phosphoribosyltransferase（HGPRT）：
　　　　ヒポキサンチン-グアニンホスホリボシル転移酵素（ヒポキサンチンホスホリボシル転移酵素，HPRT）

2-4 化学式 (chemical formula), 反応式 (reaction formula)

A 化学式

原子記号を使って物質の成り立ちを表したものが化学式である．化学式には次のような種類がある．

・化学式の例：hydroxybutanal　ヒドロキシブタナール

compositional formula	組成式	C_2H_4O
formula weight	組成式量	44.05
molecular formula	分子式	$C_4H_8O_2$
molecular weight	分子量	88.10
rational formula	示性式	$CH_3CH(OH)CH_2CHO$
structural formula	構造式	H H H H–C–C–C–C⟨H 　H O H　＝O 　　H

B 反応式

反応物の化学式を左辺に，生成物の化学式を右辺に書いて，両者を右向き矢印で結び，各化学式に係数を付けたものを反応式という．

・reaction formula　反応式

$$C_6H_{12}O_6 + 6\,O_2 \longrightarrow 6\,CO_2 + 6\,H_2O$$

reactants 反応物　　　　　　　products 生成物

・thermochemical equation　熱化学方程式

$$2\,H_2(g) + O_2(g) = 2\,H_2O(g) + 489\,kJ/mol$$

mole モル　　　heat of reaction 反応熱

・oxidation and reduction　酸化と還元

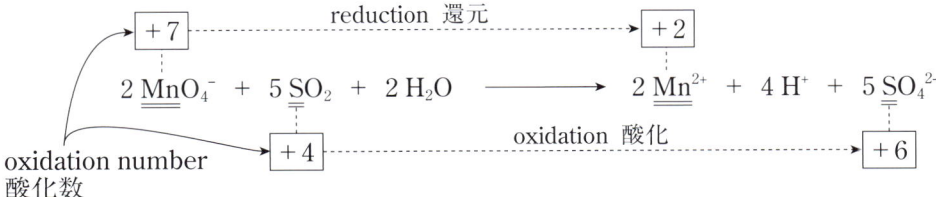

2.5 コロイド (colloid)

　粒を球状と仮定したとき，粒の大きさが数μm以下になると粒は沈みにくくなり，空気中や水中に浮遊するようになる．分子や原子よりは大きい数nm以上の粒が，空気中，水中または他の液体や固体の中に散在している分散系（disperse system）をコロイド分散系といい，浮遊している粒のことをコロイド粒子（colloidal particle）とよぶ．粒子が数nmよりもさらに大きい場合としては，乳濁液またはエマルジョン（emulsion）や，懸濁液またはサスペンション（suspension）がある．コロイドのもつ特性であるブラウン運動（Brownian movement）とは，コロイド粒子が溶媒分子とぶつかって生じる不規則な運動のことである．また，液体または固体の微粒子が気体に分散している気体コロイドをエーロゾル（aerosol）という．

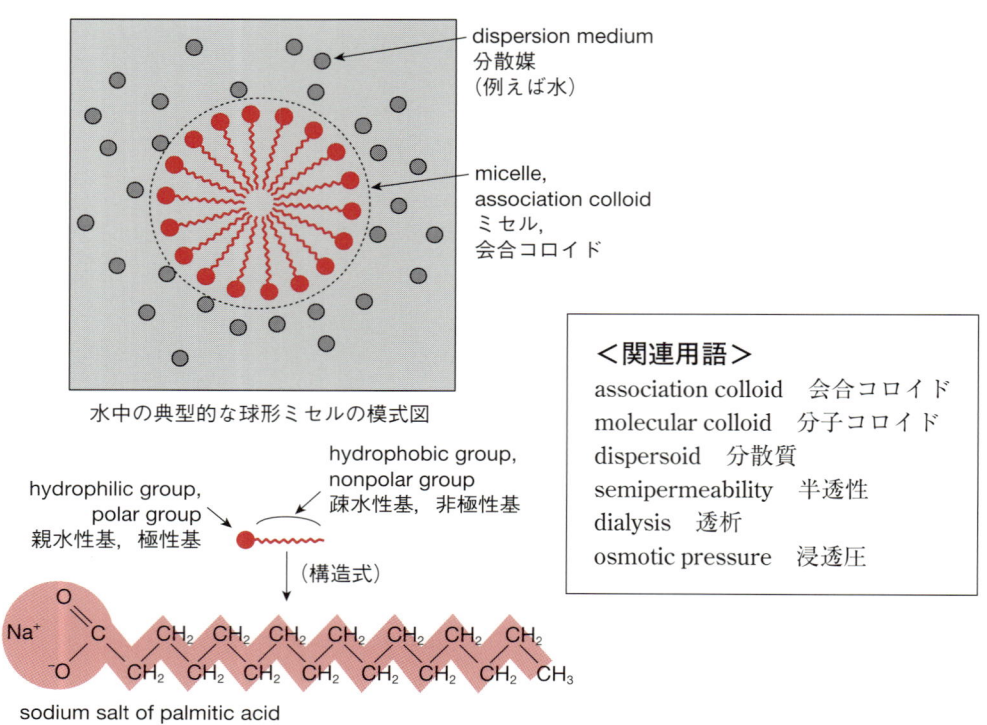

水中の典型的な球形ミセルの模式図

hydrophilic group, polar group
親水性基，極性基

hydrophobic group, nonpolar group
疎水性基，非極性基

（構造式）

sodium salt of palmitic acid
パルミチン酸のナトリウム塩　$(CH_3(CH_2)_{14}COO^-Na^+)$

amphipathic molecule, amphiphilic molecule
両親媒性分子
（1分子内に親水基と疎水基の両方をもつ）

<関連用語>
association colloid　会合コロイド
molecular colloid　分子コロイド
dispersoid　分散質
semipermeability　半透性
dialysis　透析
osmotic pressure　浸透圧

文例

・Soap and detergent solutions form colloidal solutions.
　〔セッケンや洗剤溶液はコロイド溶液をつくる〕

第3章 実験器具

3-1 基本的な実験器具

以下に，いろいろな実験（experiment）を行うための各種の基礎的実験器具と操作用器具を紹介する．

A 洗浄（washing），保存（preservation）

bottle brush
洗はけ，ブラシ
（傷がつきやすいので秤量用器具の洗浄には用いない）

washing bottle
洗ビン
（ビンの腹の部分を押えて蒸留水を噴出させる）

reagent bottle
試薬ビン
（室温で安定な物質の保存に使う）

colored bottle
褐色ビン
（光の影響を受けやすい試薬の保存に使う）

desiccator
デシケーター，乾燥器
（試薬や器具の乾燥，保存に使う）

＜関連用語＞（nは名詞形，vは動詞形）

wash　洗浄する	dry　乾燥させる
rinse　すすぐ，洗い落とす	glass vessel　ガラス容器
storage　貯蔵（n）→ store　貯蔵する（v）	drying shelf　乾燥棚
sink　流し	

文例

・Glassware must be kept clean all the time.
　〔ガラス器具類は常に清浄に保たれなければならない〕

・Rinse glassware and make sure that there are no bubbles left.
　〔ガラス器具類をすすいで泡が残っていないことを確かめる〕

・Reagents should be stored in a container that contains desiccant.
　〔試薬は乾燥剤を入れた容器に保存しなければならない〕

B 秤量(weighing)

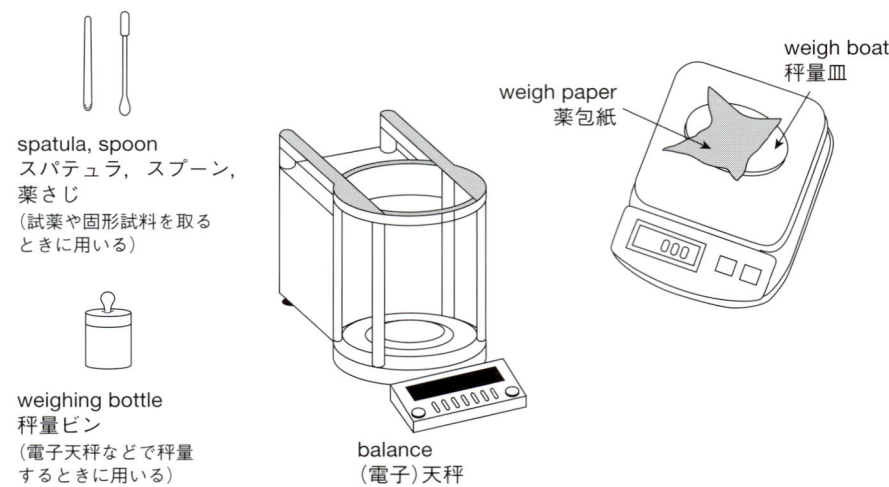

spatula, spoon
スパチュラ，スプーン，
薬さじ
(試薬や固形試料を取る
ときに用いる)

weighing bottle
秤量ビン
(電子天秤などで秤量
するときに用いる)

balance
(電子)天秤

weigh paper
薬包紙

weigh boat
秤量皿

文例

・Weigh 5 g of sucrose, and add to 95 g of water.
〔ショ糖を5 gはかり取り，95 gの水に加える〕

C ピペット(pipetまたはpipette)

液体のはかり取りと移動に用いる．ガラス製やプラスチック製などがある．

disposable pasteur pipet
パスツールピペット(ディスポーザブル)

measuring pipet　メスピペット
(目盛りが刻まれているのでおおよその量の
液体を容器に加えるときに用いる)

safety pipeter　安全ピペッター(ゴム製)
(ピペットの中に液を吸い上げるときに用いる)

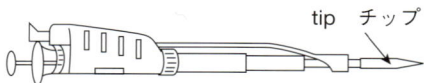

tip チップ

micro pipet
マイクロピペット
(ピストンを上下して空気を出し入れすることに
よって液体をはかり取る)

bulb for pasteur pipet
パスツールピペット用ゴム球
pasteur pipet
パスツールピペット

volumetric pipet または transfer pipet
ホールピペット
(標準溶液をつくるときなど，正確に液体
をはかり取るときに用いる)

syringe
シリンジ
(ピストン，シリンダー，注射針からなる．
遠心分離などで分離した試料を吸い出す
ときなどに用いる)

文例

- The stock solution is diluted 10 fold by this process.
  〔ストック溶液はこのようにして10倍に薄められる〕

D フラスコ（flask）

フラスコは300 mLから2L程度までをよく用いる．つくりたい量よりも大きめのものを選ぶ．

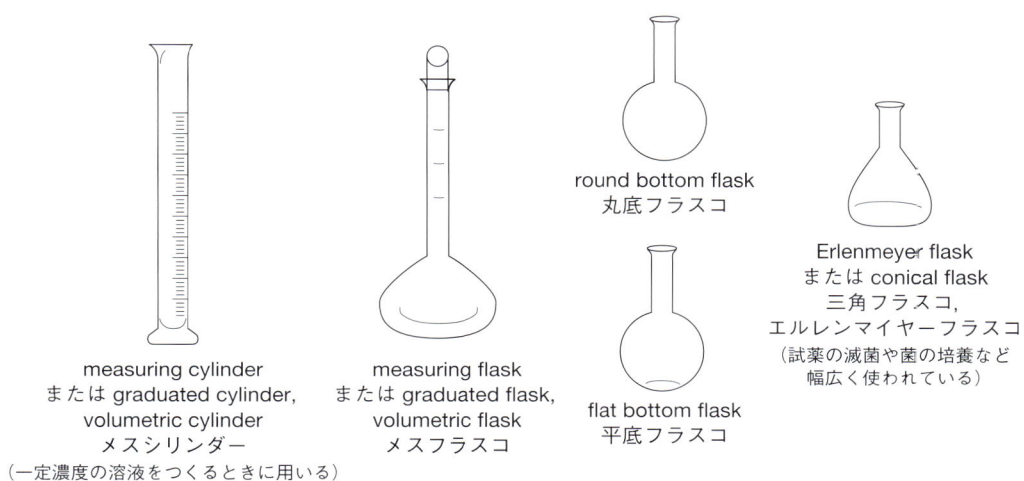

文例

- Dissolve 50 g of ammonium acetate in 80 mL of H_2O.
  〔50gの酢酸アンモニウムを80 mLの水に溶かす〕
- While the standard solution is dripping in, shake the Erlenmeyer flask with your right hand.
  〔標準液を滴下しながら右手で三角フラスコを撹拌する〕

E ビーカー (beaker)

溶液を撹拌するときなどに用いる.

beaker
ビーカー

conical beaker
コニカルビーカー

文例

- 10 mL of NaCl solution is added and mixed.
  〔10 mLのNaCl溶液を加えて混ぜる〕
- Stir the mixture with a magnetic stirrer for 30 minutes.
  〔混合液をマグネティックスターラーで30分間撹拌する〕

F 試験管 (tube)

扱う試薬などの量に応じていろいろな試験管が用いられる.

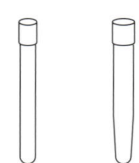 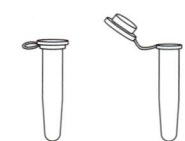

capped test tube
キャップ付き試験管
（キャップは空気を通すが，
ゴミなどを通さない）

microtube
マイクロチューブ
（1 mL前後のものが一般的）

文例

- Remove 100 µL from dilution tube A and transfer it to tube B.
  〔希釈用チューブAから100 µLを取ってチューブBに移す〕
- Divide the solution into aliquots and store at room temperature.
  〔溶液を等量に分注して室温で保存する〕

漏斗（funnel）・ろ過（filtration）

漏斗は溶解度（solubility）の違いを利用した成分分離に用いられる．ろ過には吸引ろ過などの方法があり，滅菌にも用いられる．

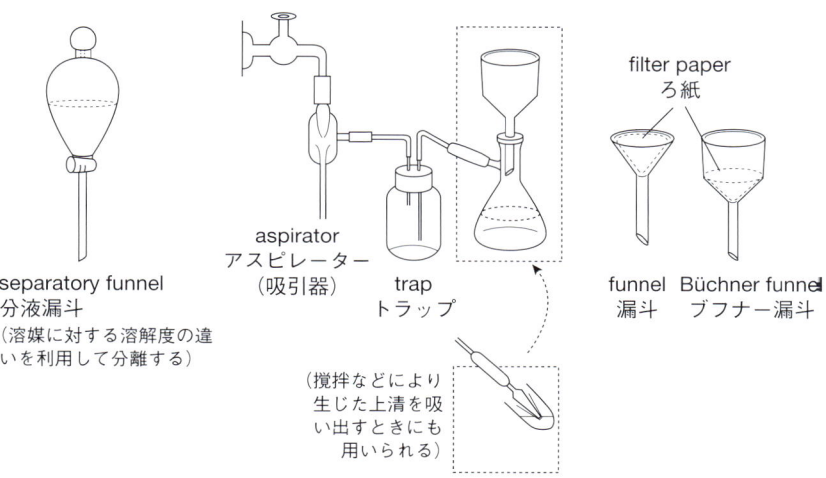

separatory funnel 分液漏斗
（溶媒に対する溶解度の違いを利用して分離する）

aspirator アスピレーター（吸引器）

trap トラップ
（撹拌などにより生じた上清を吸い出すときにも用いられる）

filter paper ろ紙
funnel 漏斗　Büchner funnel ブフナー漏斗

<関連用語>（nは名詞形，vは動詞形）
solution　溶液
solubility　溶解性，溶解度
dissolution　溶解（n）
　→　dissolve　溶解する（v）
solute　溶質
solvent　溶媒
decantation　デカンテーション
filtration　ろ過
purification　精製（n）
　→　purify　精製する（v）
isolation　単離（n）
　→　isolate　単離する（v）

aliquoting　分注（n）
　→　aliquot, dispense　分注する（v）
aliquots　分注液
stock solution　保存液
working solution　使用液
dilution　希釈（n）
　→　dilute　希釈する（v）
suspension　懸濁（n）
　→　suspend　懸濁する（v）

文例

・The supernatant can be discarded down the sink.
　〔この上清は流しに捨てることができる〕

H 混合（mixing）・撹拌（stirring）

　マグネティックスターラー（magnetic stirrer）とは，本体内部で磁石を回転させることによって，容器内に入れた撹拌子（stirring bar）を回転させ，容器内を撹拌する装置である．磁石の回転速度を制御して低速から高速まで安定した撹拌を行うことができる．

shaker
振とう器，シェーカー
（主に水平方向にゆれて動く．この図はマイクロプレート用である）

magnetic stirring bar
磁気撹拌子

temperature control
温度調整

stirring speed control
撹拌速度調整

magnetic stirrer
マグネティックスターラー
（種類によってはホットプレート（hot plate）の機能のついた物もある．pHメーターの横に置くことが多い）

vortex mixer
ボルテックスミキサー
（回転台に試験管を押しあてることにより内容物を撹拌するときに用いる）

文例

・Stir the mixture on a magnetic stirrer for 30 minutes.
〔混合液をマグネティックスターラーで30分間撹拌する〕

加熱 (heating)

ホットプレート (hot plate) の温度調節は入力調整器を使って調節できる．ホットプレートスターラー (stirring hot plate) は，湯浴 (water bath) を使わずに加熱と撹拌を同時に行うことができる装置である．

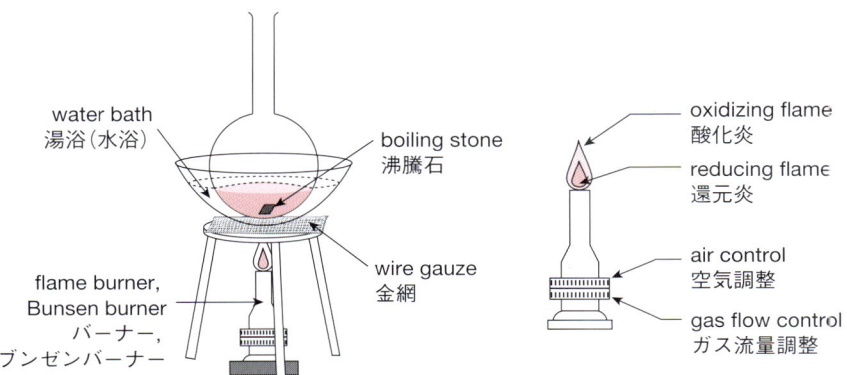

文例

・Add 5.0 mL of NaCl solution, and heat the flask on a hot plate at 60°C for 20 min.
〔NaCl溶液を5.0 mL加えて，フラスコをホットプレート上で20分間60℃加熱する〕

蒸留 (distillation)

沸点 (boiling point) の違いによる溶液中の溶質 (solute) の分離に用いられる．

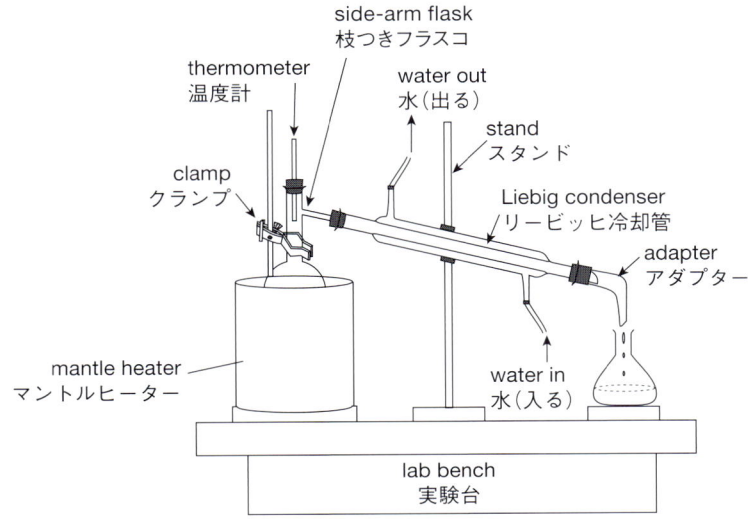

<関連用語> (nは名詞形, vは動詞形)
boil　沸騰させる
heat　熱, 熱する (n, v)
condense　濃縮する
condenser　冷却器
cool　冷却する
solidifying point　凝固点
ultrapure water　超純水
vapor pressure　蒸気圧
vapor pressure depression　蒸気圧降下
boiling point elevation　沸点上昇
melting point　融点
distilled water　蒸留水
sterilized water　滅菌水

K pHメーター (pH meter)

水溶液の水素イオン指数 (hydrogen ion exponent) の測定に用いられる.

<関連用語>
thermometer　温度計
barometer　圧力計
flow meter　流量計
voltmeter　電圧計
amperemeter　電流計
glass electrode　ガラス電極

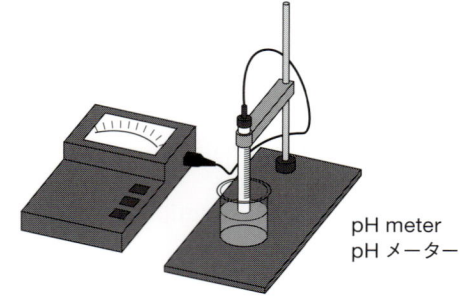
pH meter
pHメーター

文例

- Adjust the pH to 7.2 with 1 M acetic acid.
  〔1 M酢酸でpHを7.2に合わせる〕
- Wait until the display reading has stabilized at a pH of 7.5.
  〔表示がpH7.5に安定するまで待つ〕

L マイクロプレートリーダー (microplate reader)

いろいろな分野における吸光度 (absorbance) 測定を96穴マイクロプレート (microplate) などを用いて行う比色計 (colorimeter) のこと.

<関連用語>
spectrophotometer　分光光度計
wavelength　波長
turbidimeter　比濁計
viscometer　粘度計
fluorometry　蛍光分析
phosphorimetry　りん光分析
luminescence　発光

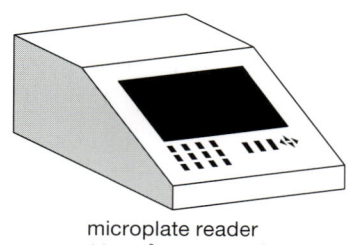
microplate reader
マイクロプレートリーダー

文例

・A spectrophotometric check of the sample is made by measuring the amount of light absorption at the wavelength of 610 nm.
〔610 nm の波長で光の吸収の大きさ（吸光度）を測定することによって試料の分光光度検査を行う〕

滴定（titration）

中和滴定（neutralization titration）とは酸および塩基の中和反応による滴定のことである．酸を用いた滴定は酸滴定（acidimetry），アルカリを用いた滴定はアルカリ滴定（alkalimetry）という．沈殿滴定（precipitation titration）とは，分析したい成分とだけ反応する試薬を加えて生じた沈殿（precipitation）を分離し，その重量を測ることにより定量する方法で，重量分析（gravimetric analysis）のうち最も広く用いられる．沈殿滴定の滴定終点は，直接沈殿の生成または消失で判定するほか，指示薬（indicator）を用いたり，電気伝導率（electrical conductivity）や電極電位（electrode potential）の変化を用いたりして決定することもできる．

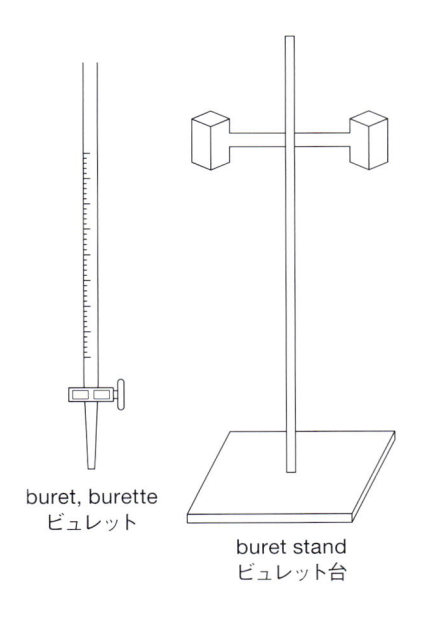

buret, burette ビュレット
buret stand ビュレット台

＜関連用語＞（n は名詞形，v は動詞形）
concentration　濃縮，濃度（n）
　→　concentrate　濃縮する（v）
standard reagent　標準試薬
buffer solution　緩衝液
oxidation-reduction titration　酸化還元滴定
calibration　校正
equivalent point　当量点
end point　終点

文例

・Slowly add the standard solution from the burette, and stop adding at the moment when the orange color fades.
〔標準液を少しずつビュレットから滴下していき，（溶液の）橙色が薄くなってきたところで滴下を止める〕

N クロマトグラフィー（chromatography）

混合試料の成分分離に用いられる．固定相（stationary phase）と移動相（moving phase）の相互作用の差を利用する．

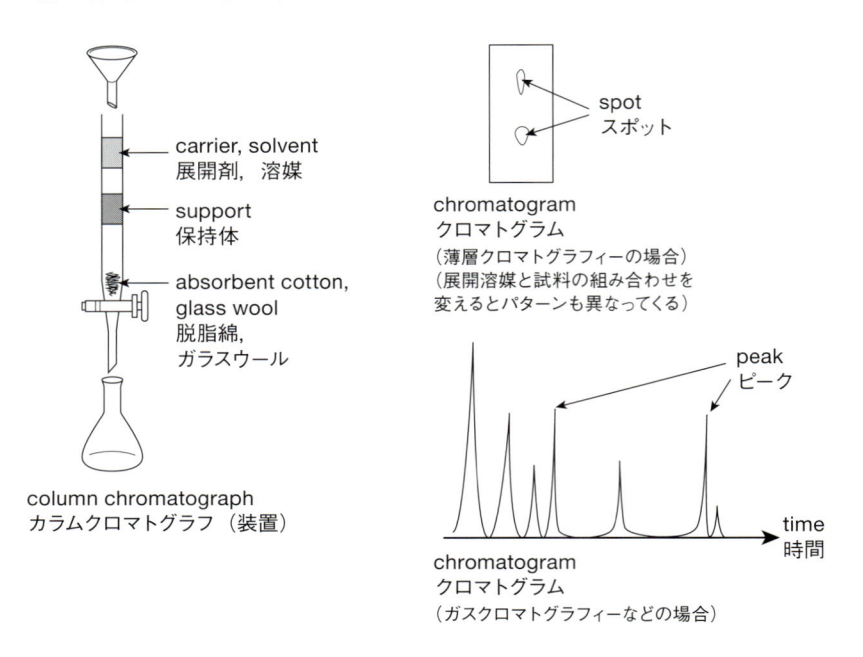

- carrier, solvent 展開剤，溶媒
- support 保持体
- absorbent cotton, glass wool 脱脂綿，ガラスウール

column chromatograph カラムクロマトグラフ（装置）

- spot スポット

chromatogram クロマトグラム
（薄層クロマトグラフィーの場合）
（展開溶媒と試料の組み合わせを変えるとパターンも異なってくる）

- peak ピーク
- time 時間

chromatogram クロマトグラム
（ガスクロマトグラフィーなどの場合）

＜関連用語＞

ion-exchange chromatography　イオン交換クロマトグラフィー
paper chromatography　ペーパークロマトグラフィー
gel chromatography　ゲルクロマトグラフィー
thin-layer chromatography　薄層クロマトグラフィー（TLC）
gas-liquid chromatography　ガスクロマトグラフィー（GLC）
high-performance liquid chromatography　高速液体クロマトグラフィー（HPLC）
mass spectrometry　質量分析
gas-liquid chromatography-mass spectrometer　ガスクロマトグラフィー質量分析器（GC-MS）

遠心分離 (centrifugation)

溶液や懸濁液の入った遠心管に遠心力を与え，粒子を質量 (mass) や密度 (density) の差に応じて分離する方法．

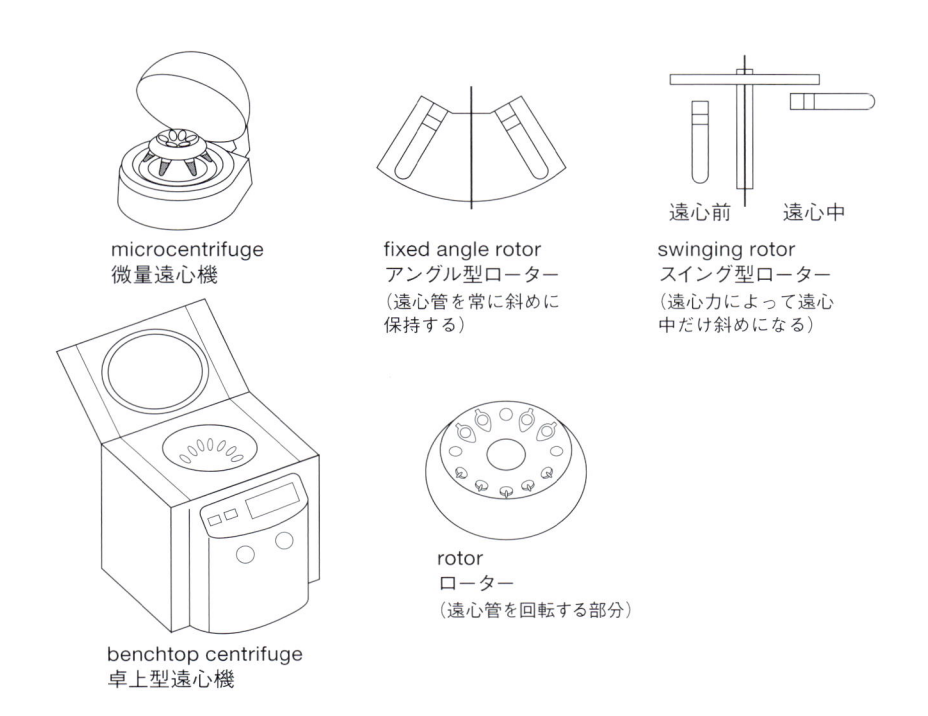

microcentrifuge
微量遠心機

fixed angle rotor
アングル型ローター
（遠心管を常に斜めに保持する）

swinging rotor
スイング型ローター
（遠心力によって遠心中だけ斜めになる）

遠心前　遠心中

benchtop centrifuge
卓上型遠心機

rotor
ローター
（遠心管を回転する部分）

<関連用語>（n は名詞形，v は動詞形）
horizontal rotor　水平型ローター
vertical rotor　垂直型ローター
ultracentrifuge　超遠心機
high-speed centrifuge　高速遠心機
rpm (round per minute)　1分あたりの回転数
g/rpm (g-force and rpm)　遠心力と1分あたりの回転数
centrifuge　遠心する (v)，遠心機 (n)
separation　分離 (n) → separate　分離する (v)
precipitate (= ppt)　沈殿（遠心によって沈んだものをペレットともいう）
supernatant (= supe)　上清 (液)
suspension　懸濁 (液)(n) → suspend　懸濁する (v)
shaking　振とう (n) → shake　振とうする (v)
sediment　沈降物
gradient centrifugation　勾配遠心分離

文例

・Centrifuge the sample at high speed (at least 10,000 rpm) for 60 minutes at 4℃.
〔試料を 10,000 rpm 以上の高速で60分間，4℃で遠心する〕

- Chromosomal DNA is less dense than plasmid DNA, so they separate into two bands, which can be seen in ultraviolet light.
〔染色体DNAはプラスミドDNAよりも比重が小さいので，これら2つの分離したバンドを紫外光によって見ることができる〕

3.2 バイオ実験機器・装置

微生物実験，生化学実験などの専門実験に欠かせない実験器具や操作器具類をみてみよう．

A 滅菌（sterilization）

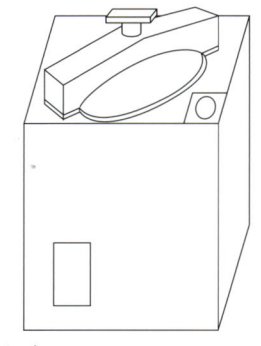

autoclave
オートクレーブ（高圧滅菌釜）
（温度と時間をセットしてスタートさせる．乾熱滅菌よりも効果的．滅菌するものはアルミ箔などでくるむ）

＜関連用語＞
high-pressure steam sterilizer　高圧蒸気滅菌器
filter sterilization　ろ過滅菌
flaming the loop　白金耳をバーナーの炎であぶって滅菌すること
sterile room　無菌室
refrigerator　冷蔵庫
freezer　冷凍庫
aseptic condition　無菌状態
disinfectant　消毒薬，殺菌剤

文例

- Autoclave the medium for 15 minutes.
〔培地を15分間オートクレーブ滅菌する〕
- Pass the pipet through the flame for 2 seconds.
〔ピペットを（バーナーの）炎に通して2秒間あぶる〕

B 培養（culture）

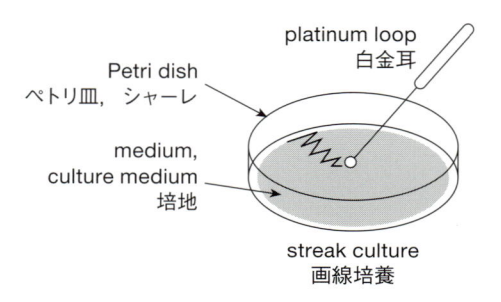

platinum loop　白金耳
Petri dish　ペトリ皿，シャーレ
medium, culture medium　培地
streak culture　画線培養
glass spread rod, spreader　スプレッダー
（試薬を均一に塗布するために用いる．）

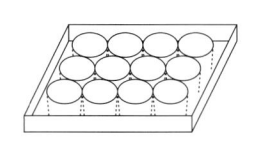

multiple-well tissue culture plate
多孔性組織培養プレート

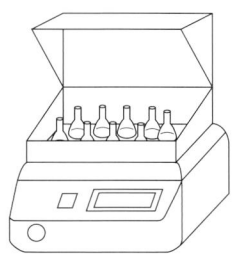

incubator
培養器，インキュベーター，恒温器
（熱媒体としてウォーターバス，ヒートブロック（heating block）や内部空気がある．）

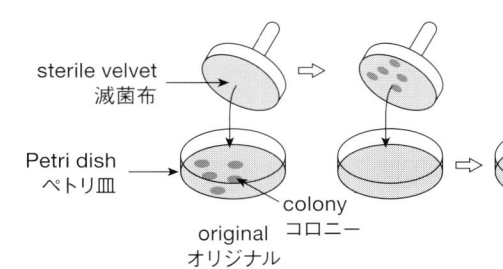

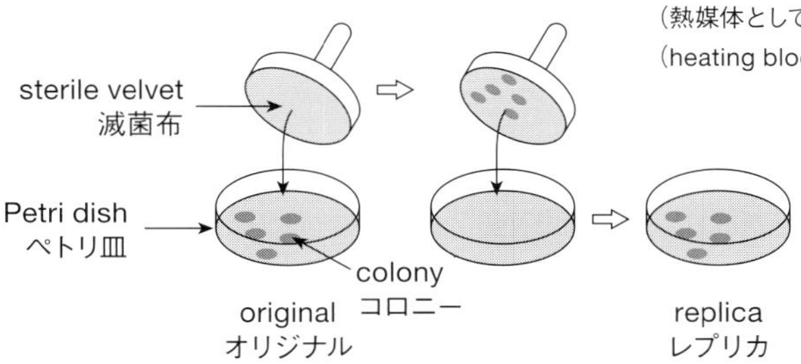

sterile velvet 滅菌布
Petri dish ペトリ皿
colony コロニー
original オリジナル
replica レプリカ

<関連用語>

shaking incubator　振とう型培養器	adherent　接着系
freeze-drying apparatus　凍結乾燥器	suspension　浮遊系
solid medium　固体培地	fibroblast　線維芽細胞
liquid medium　液体培地	myoblast　筋芽細胞
agar plate　寒天プレート	anaerobe　嫌気性生物
pure culture　純粋培養	aerobe　好気性生物
slant culture　斜面培養	facultative anaerobe　通性嫌気性生物
stab culture　穿刺培養	Gram-positive bacteria　グラム陽性菌
plate culture　平板培養	Gram-negative bacteria　グラム陰性菌
contamination　汚染，コンタミ	fungi　真菌類
culture flask　培養フラスコ	yeast　酵母
count the bacteria　細菌数を数える	mycoplasma　マイコプラズマ
dilute　希釈する	plaque　プラーク
dilution factor　希釈率	broth　培養液
fetal bovine serum (FBS)：ウシ胎児血清	
coulter counter　細胞計数器，コールターカウンター	

文例

- Incubate the tube on ice for 10 minutes.
  〔氷上で10分間静置（培養）する〕
- Only bacteria that contain plasmids will grow on Petri dishes.
  〔プラスミドを含む細菌だけがペトリ皿の上で生育する〕
- The colonies of bacteria containing the new DNA are screened and identified.
  〔新しいDNAを含む細菌のコロニーがスクリーニングおよび同定される〕

C 顕微鏡（microscope）・計数器（counting chamber）

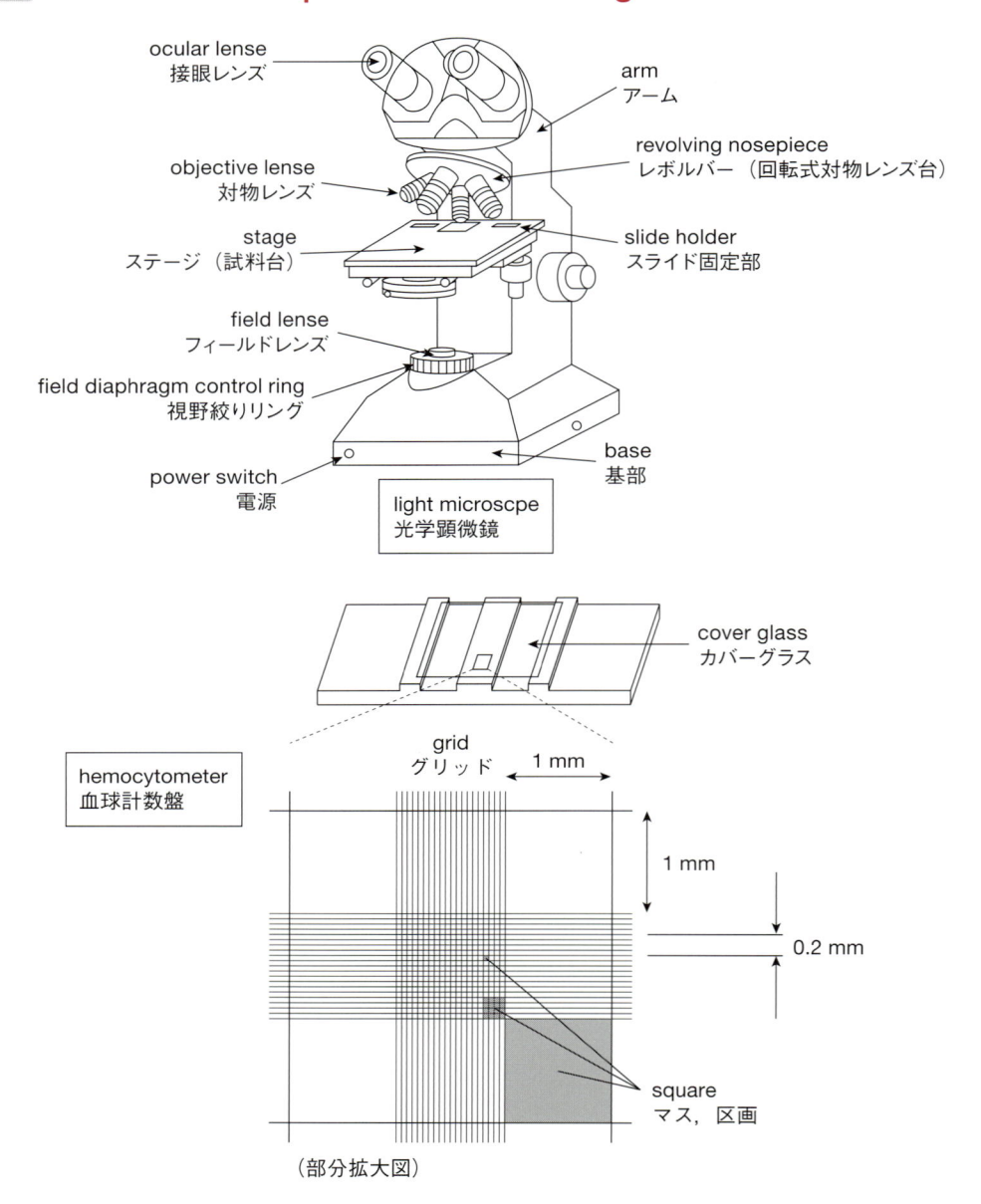

(light microscope labeled diagram: ocular lense 接眼レンズ, arm アーム, revolving nosepiece レボルバー（回転式対物レンズ台）, objective lense 対物レンズ, stage ステージ（試料台）, slide holder スライド固定部, field lense フィールドレンズ, field diaphragm control ring 視野絞りリング, power switch 電源, base 基部, light microscpe 光学顕微鏡)

(hemocytometer 血球計数盤 with cover glass カバーグラス, grid グリッド, 1 mm, 1 mm, 0.2 mm, square マス，区画)

（部分拡大図）

文例

- Place the chamber on the microscope and find the grid under 20 ×.
  〔計数器を顕微鏡にセットして倍率20倍でグリッドを探す〕
- Tissue culture cells can be looked at *in situ* with an inverted microscope.
  〔組織培養細胞は倒立顕微鏡を使うと *in situ* で観察することができる〕
  注：*in situ* = 生体内の位置にあるままの状態

D ゲル電気泳動（gel electrophoresis）

　電気泳動による分離とは，泳動する方向や速度の差によって物質を分けることである．ポリアクリルアミドゲル電気泳動法（PAGE）は，pHの異なる分離ゲルと濃縮ゲルを用い，分離能が高いので広く用いられている．界面活性剤のSDS（sodium dodecyl sulfate）によってタンパク質の高次構造を破壊してポリペプチド鎖（polypeptide chain）とすることで分子ふるい効果による分離が可能になる．これをSDS-PAGEという．

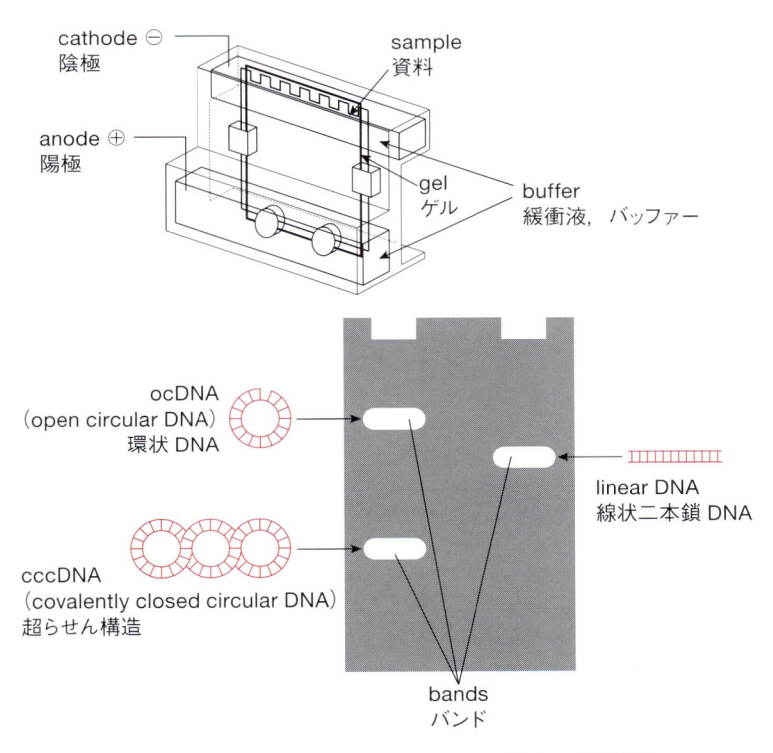

electrophoresis pattern of plasmid DNA
プラスミドDNAの電気泳動パターン

＜関連用語＞

horizontal box　水平式電気泳動槽	dye　色素
vertical box　垂直式電気泳動槽	staining　染色
power supply　電源装置	capillary　キャピラリー
dialysis　透析	denaturant　変性剤
agarose　アガロース	

sodium dodecyl sulfate-polyacrylamide gel electrophoresis = SDS-PAGE

文例
- Gel electrophoresis spreads the DNA fragments according to size.
〔ゲル電気泳動はDNA断片をその大きさにしたがって展開する〕

■E 実験台 (laboratory bench)

incubator　インキュベーター（恒温器，培養装置）
tube　試験管，チューブ
tube stand　チューブスタンド
waste basket（general, biohazard）　ゴミ箱（一般用，バイオハザード用）
micropipette　マイクロピペット
column stand　カラムスタンド
clean bench　クリーンベンチ

第4章 生化学における英語表現

4.1 細胞とは

　1665年，イギリスのフックは自作の顕微鏡でコルク片の断面を観察し，無数の小さな区画に仕切られているのを見つけ，それを「cell（セル）＝細胞」と命名した．ヒト個体は約60兆個の細胞からなるが，その出発点は1個の細胞（受精卵）なのである．

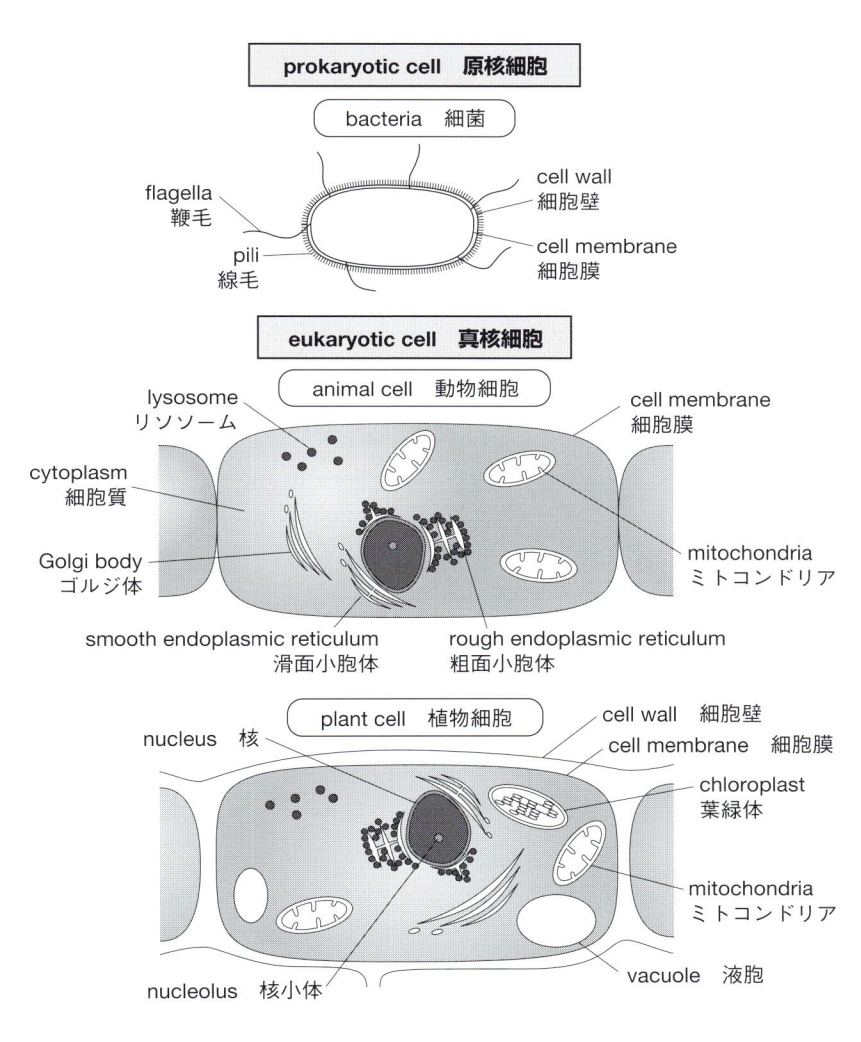

図4.1 真核細胞と原核細胞の模式図

A 以下の英文を和訳せよ．

1. All the cells in all organisms have in common certain structural features, such as the architecture of their membranes.
   《in common ＝ 共通して》

2. Many complicated metabolic events are also carried out in basically the same way

in all organisms: the replication of DNA, the synthesis of proteins, and the production of chemical energy by the conversion of glucose to carbon dioxide.

3. **Eukaryotic cells** (literally, cells with a true nucleus) and **prokaryotic cells** (cells with no defined nucleus) have persisted independently for perhaps a billion or more years of biological evolution.
《eukaryotic cell＝真核細胞　prokaryotic cell＝原核細胞》

4. Prokaryotes have a relatively simple structure. 《prokaryote＝原核生物》

5. In general, only one type of membrane forms the boundary of the cell proper in prokaryotes.

6. Both prokaryotic and eukaryotic cells are surrounded by a **plasma membrane**.
《both A and B＝AもBも》

7. The largest **organelle** in a cell is generally the nucleus, which contains most of the cellular DNA and is the site of synthesis of cellular RNAs.
《which＝関係代名詞．which以下の文は2つに分かれており，ともにwhichが主語としてかかる》

8. Electron microscope, with a resolution that is approximately a hundredfold greater than that of light microscope, is used to analyze details of cell structure.

9. The organelles of eukaryotic cells can be isolated for biochemical analysis by differential centrifugation.
《differential centrifugation＝遠心分画法》

(*Molecular Cell Biology* (3rd ed.) (H. Lodish et al.) W. H. Freeman and Co., NY, 1995)

用語解説

- euk(c)aryotic cell, prok(c)aryotic cell（真核細胞，原核細胞）：真核生物は，原生生物からカビ，植物，動物に至るまでを含む．真核生物には多様な生物種が含まれるものの，その細胞にはある共通の構造が存在する．原核生物はすべての細菌を含んでおり，細菌は大きく2つの系統に分けられる．真正細菌（eubacteria）と古細菌（archaebacteria）である．かつては光合成生物として植物に分類されていたラン藻類は，シアノバクテリアとして真正細菌に含まれている．
- cell membrane, plasma membrane（細胞膜）：一般に原核生物では1種類の膜，すなわち細胞膜によって外界とへだてられている．細胞膜の基本構造は，他の生体膜と同様に，リン脂質からなる二重層となっていて，酸素や二酸化炭素などある種の気体は通ることができる．しかし，糖，アミノ酸，カルシウムイオンなどの無機イオ

- organelles（細胞小器官）：DNAを含み，RNAを合成する場である核（nucleus）をはじめとしたいろいろな細胞器官が細胞内には存在している．低分子物質を酸化して細胞内のATPのほとんどを生産するミトコンドリア（mitochondrion, pl. mitochondria），糖タンパク質や脂質を合成する小胞体（endoplasmic reticulum），分泌タンパク質などを含んだ小胞をつくり，細胞膜などの各部位へ輸送するゴルジ体（Golgi body），過酸化水素を分解するペルオキシソーム（peroxisome）などがある．また動物細胞には，このほかにタンパク質・糖・核酸・脂質などを分解するリソソーム（lysosome）があり，植物細胞には光合成（photosynthesis）の場である葉緑体（chloroplast），液胞（vacuole）などが存在する．

- cytosol（細胞質ゾル）：細胞質ゾルとは，膜によって構成される細胞器官以外の細胞質を指している．真核細胞の細胞質には細胞骨格（cytoskeleton）とよばれる繊維状のタンパク質が多数並んでいる．これらの繊維のなかでミクロフィラメント（microfilament）はアクチン（actin）とよばれるタンパク質からなり，少し太い微小管（microtubule）はチューブリン（tubulin）とよばれるタンパク質から，中間系フィラメント（intermediate filament）は数種類の棒状タンパク質により構成されている．

B 和訳

1. どのような生物でも全細胞の基本構造には一定の共通する特徴があり，たとえば膜構造がその一例である．

2. 多くの複雑な代謝過程も，基本的にはあらゆる生物で共通したかたちで行われている．それらは，DNAの複製，タンパク質の合成，グルコースを代謝して二酸化炭素に変えることによる化学エネルギーの産生などである．

3. 真核細胞（本当の核をもった細胞という意味）と原核細胞（核をもっていない細胞）は，何十億年も前に分かれて独立に進化してきたと推定されている．

4. 原核生物の構造は，真核生物の細胞の構造に比べて単純である．

5. 一般に，原核生物では1種類の膜が細胞本体の境界を形成している．

6. 原核細胞も真核細胞も細胞膜（原形質膜）に囲まれている．

7. 細胞の大部分のDNAを有していて細胞の各種のRNAを合成する場である核は，一般に最大の細胞小器官である．

8. 電子顕微鏡は，光学顕微鏡に比べて，約100倍の倍率で細胞の詳細な構造を観察するのに使われている．

9. 真核細胞の細胞内小器官は，遠心分画法によって生化学分析のために分離することができる．

4.2 DNAとRNA

DNA（デオキシリボ核酸）やRNA（リボ核酸）などの核酸は，親の形質を子に伝え，また細胞の誕生から死に至るまでを支配する遺伝子（gene）のことで，主として細胞核内に含まれる．細胞の分裂・増殖をコントロールしているのはDNAで，DNAの設計図に基づいてRNAを介してタンパク質を合成する．また，このDNAは地球上に存在する100万種以上の生物の細胞に含まれている生体物質である．

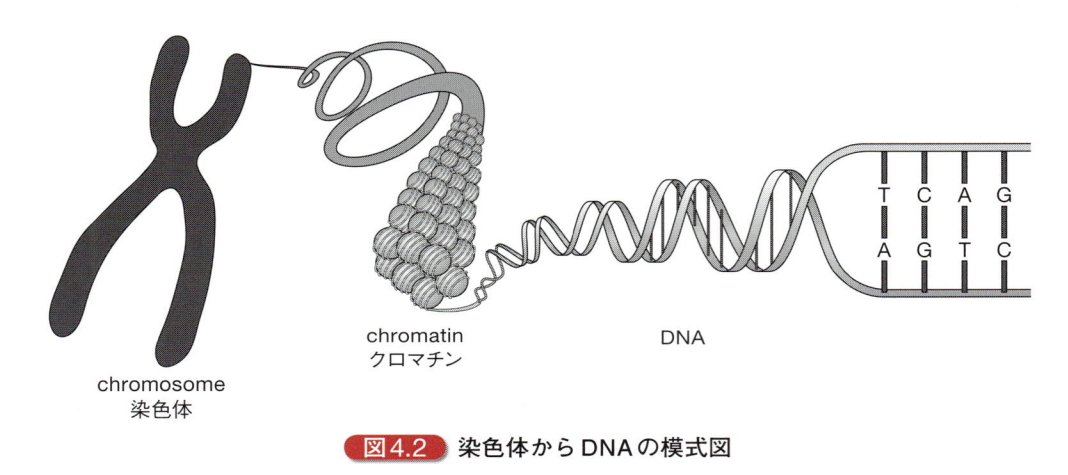

chromosome
染色体

chromatin
クロマチン

DNA

図4.2 染色体からDNAの模式図

A 以下の英文を和訳せよ．

1. **DNA** is a very long, threadlike macromolecule made up of a large number of **deoxyribonucleotides**, each composed of a base, a sugar, and a phosphate group.
 《macromolecule ＝巨大分子》

2. The bases of DNA molecules carry genetic information, whereas their sugar and phosphate groups perform a structural role.

3. DNA consists of four kinds of bases joined to a sugar-phosphate backbone.
 《backbone ＝骨格》

4. The structure of the DNA is **double helix** and the DNA is the genetic materials.

5. DNA polymerases are the enzymes that replicate DNA by taking instructions from DNA templates.
 《that ＝関係代名詞，DNA template ＝ DNA鋳型鎖》

6. The genes of all cells and many viruses are made of DNA, and some viruses, however, use RNA (ribonucleic acid) as their genetic material.

7. DNA is a polymer of deoxyribonucleotide units.

8. A **nucleotide** consists of a nitrogenous base, a sugar, and one or more phosphate groups.

9. The sugar component of the deoxyribonucleotide is deoxyribose.

10. The nitrogenous base is a derivative of purine or pyrimidine.
 《derivative ＝誘導体, purine ＝プリン, pyrimidine ＝ピリミジン》

11. The purines in DNA are adenine and guanine, and the pyrimidines are thymine and cytosine.《purine ＝プリン塩基, pyrimidine ＝ピリミジン塩基》

(*Biochemistry* (4th ed.) (L. Stryer) W. H. Freeman and Co., NY, 1995, p.75)

用語解説

・deoxyribonucleic acid, DNA（デオキシリボ核酸）：DNAが遺伝物質の本体であることが1940年代後半から50年代初期にかけて明らかにされてからは，DNAの構造や性状を調べることが重要な課題になってきた．コロンビア大学のシャルガフは，DNAに含まれる4種類の塩基，アデニン（A），グアニン（G），シトシン（C），チミン（T）の量を正確に測定した結果，生物の種類によってA，G，C，Tの全体量は異なっていること，そしてその割合も異なっていることを見いだした．しかし，生物の種類が変わってもアデニンとチミンの各割合は等しく，グアニンとシトシンの各割合も等しいことを発見した．これは"シャルガフの法則"とよばれているが，彼自身はこの法則のもつ意味を解読するまでは至らなかった．しかし，この法則が，後のワトソンとクリックが提唱した"DNAの二重らせん構造"へと発展していくことになった．

・nucleoside, nucleotide（ヌクレオシド，ヌクレオチド）：1953年，アメリカのワトソンとイギリスのクリックが"DNAの二重らせん構造モデル"を提唱した．DNAは二重の鎖からできているが，アデニンとチミン，グアニンとシトシンの間でそれぞれの鎖が水素結合によって相互作用しているというのが彼らのモデルの特徴である（図4.2）．この構造はアメーバや大腸菌からヒトに至るまで共通している．DNA鎖は3つの化合物，塩基−糖−リン酸のつながったユニットが何個も直列につながってできあがっている．そして，このような鎖が2本より合わさって，らせん状になっているのがDNAということになる．この塩基−糖−リン酸からなるひとかたまりをヌクレオチドとよび，また，塩基と糖がつながった単位をヌクレオシドとよぶ．

ヒトの場合，核は直径約5 μmの球状構造物で，この中に直径2 nm，長さ1.8 mのDNAの鎖が46本の染色体（chromosome）に分かれて収まっている．DNA鎖は，糸巻きに相当する"ヒストン（histone）"とよばれるタンパク質に巻かれている．電子顕微鏡で観察すると，ヒストンがちょうど"じゅず玉"の"じゅず"のように等しい間隔で並んでいるのが見える．DNAの二重らせんの鎖は，ヒストンの玉に1回半ほど巻きついて，次のヒストンの玉に移っていく．生物の仕組みやつくりのすばらしさにはいつも驚かされる．

　ところで，DNAを構成する糖はすべて，デオキシリボースとよばれるある種の糖である．そして，塩基にはアデニン，グアニン，シトシン，チミンの4種類の化合物があり（図4.2），ヌクレオチドで異なっているのは塩基の部分のみということになる．DNAとは，構成する糖がデオキシリボース（deoxyribose）である核酸（nucleic acid）という意味で，頭文字のD，N，AをとってDNAとよぶのである．

　一方，もう一つの核酸RNAもやはり塩基-糖-リン酸のつながったユニットが何個も直列につながってできあがっている．しかし構成する糖がリボースであり，また塩基はアデニン，グアニン，シトシン，ウラシル（U, uracil）であることから，構成する糖がリボース（ribose）である核酸（nucleic acid）という意味で，頭文字のR，N，AをとってRNAとよんでいる．

・double helix（二重らせん構造）：デオキシリボ核酸（DNA）は，2本の鎖でできた縄ばしごのようなものである．それでは鎖と鎖の間，すなわち踏み縄にあたる部分の水素結合について考えてみよう．踏み縄にあたる部分は，2種類の塩基どうし（AとT，GとC）が一定の組み合わせで水素結合をして，2本のDNAの鎖が対になって結合している．それぞれの塩基が，お互いに水素結合によって縄ばしごの踏み縄の部分を形成している．この組み合わせを"塩基の相補性"とよんでいる．したがって，生化学者シャルガフが1949年に見いだしたように，Aの割合＝Tの割合，Gの割合＝Cの割合となるのである．しかし，AとT，GとCのどちらの組み合わせが多いか少ないかは，生物の種類によって大きく異なっている．ではそれぞれの生物の遺伝子の違いはどこにあるのだろうか．それは，4種類の塩基つまりA，T，G，Cが，どんな順序で，どのくらいの数並んでいるかの違いである．その場合，一方の鎖にAがあれば他方はT，Gがあれば他方はCであるから，一方の鎖の塩基の並び方が決まればもう一方の塩基の並び方も決まってしまう．

B 和訳

1. DNAは非常に長い糸のような巨大分子で，膨大な数のデオキシリボヌクレオチドからできており，1個のデオキシリボヌクレオチドは，塩基，糖，リン酸基それぞれ1個ずつからなっている．

2. DNA分子を構成する塩基は遺伝情報を担い，糖とリン酸基はDNAの構造をつくる役割を果たしている．

3. DNAは，糖—リン酸骨格に結合した4種類の塩基で構成されている．

4. DNAの構造は二重らせん構造をしており，これが遺伝子の本体である．

5. DNAポリメラーゼは，DNA鋳型鎖からの指示にしたがってDNAを複製する酵素である．

6. すべての細胞と多くのウイルスの遺伝子はDNAでできているが，なかには遺伝物質としてRNA（リボ核酸）を利用しているウイルスもある．

7. DNAはデオキシリボヌクレオチドを単位とする多量体である．

8. 1個のヌクレオチドは，窒素原子をもつ塩基，糖をそれぞれ1個と，1個以上のリン酸基からなる．

9. デオキシリボヌクレオチドに含まれる糖はデオキシリボースである．

10. 窒素を含む塩基はプリンまたはピリミジンの誘導体である．

11. DNA中のプリン塩基はアデニンとグアニンであり，ピリミジン塩基はチミンとシトシンである．

4-3 酵素反応

　生命はさまざまな化学反応の上に成立している．こうした生化学反応のほとんどに酵素が関与している．さらに，酵素は卓越した触媒能力をもつために，バイオテクノロジーへの応用においても注目される物質である．ここではこうした酵素の反応を中心にした表現を扱う．

A 以下の英文を和訳せよ．

1. **Enzymes** are large biological molecules responsible for the thousands of chemical interconversions that sustain life.
《chemical interconversion ＝ 化学変換反応》

2. Enzymes are highly selective **catalysts**, greatly accelerating both the rate and specificity of metabolic reactions.

3. Most enzymes are proteins, although some catalytic RNA molecules have been identified.

4. In enzymatic reactions, the molecules at the beginning of the process, called **substrates**, are converted into different molecules, called **products**.

5. Enzyme activity can be affected by other molecules. **Inhibitors** are molecules that decrease enzyme activity; **activators** are molecules that increase activity. Many drugs and poisons are enzyme inhibitors.
《enzyme activity ＝酵素活性》

6. Enzyme activity is also affected by temperature, pressure, chemical environment (e.g., pH), and the concentration of substrate.

7. For many enzymes, the rate of catalysis varies with the substrate concentration. The **maximal velocity** of an enzyme reaction (V_{max}) occurs at high concentration of substrate when the enzyme is saturated.
《saturated ＝飽和した》

8. The **Michaelis constant** (K_m) is defined as the substrate concentration at 1/2 the maximum velocity.

9. The assay of the enzyme was carried out at 30°C in 50 mM sodium acetate buffer (pH 5.0) containing 1 mM substrate.

10. This enzyme exhibited high catalytic activity at pH 5.0.

用語解説

- catalyst：触媒．特定の化学反応の反応速度を速め，自身は反応の前後で変化しない物質．触媒反応（作用）はcatalysis．
- inhibitor：阻害剤，あるいは阻害因子．酵素反応を低下させる分子をいう．inactivatorも類義語であるが，inhibitorが主に酵素と可逆的に結合するものをいうのに対して，inactivatorは酵素と不可逆的に結合して触媒反応を抑制するものをいうことが多い．
- activator：活性化剤，あるいは活性化因子．酵素反応を促進する分子をいう．とくにアロステリック酵素（allosteric enzyme）と総称される酵素群は，生理的なinhibitorやactivatorによってその触媒活性の増減が大きく調節される．
- maximal velocity（V_{max}）：最大反応速度．一般の酵素反応において，反応速度は基質濃度の上昇とともに増大するが，一定の速度を超えることはない．この上限の反応速度を最大反応速度という．
- Michaelis constant（K_m）：ミカエリス定数．最大反応速度の半分の速度をもたらす基質濃度．多くの酵素反応では，反応速度と基質濃度の関係は，ミカエリス-メン

テン式で与えられる双曲線関数となる．K_mはV_{max}とともにこの式に用いられる定数であり，いずれも酵素の触媒機能を評価する数値であるが，K_mは一般に酵素と基質間の親和性を示す指標となり，親和性が高いほどK_mの数値は小さくなる．

B 和訳

1. 酵素は生命を支える数千の化学変換反応の役割を担う生体高分子である．

2. 酵素は高度に選択的な触媒であり，代謝反応を速度と特異性の両面で促進する．

3. 触媒するRNA分子もいくつか同定されているが，ほとんどの酵素はタンパク質である．

4. 酵素反応において，反応開始時の基質とよばれる分子は，生成物とよばれる異なる分子へと変換される．

5. 酵素活性は他の分子によって影響されうる．阻害剤は酵素活性を低下させ，活性化剤は活性を上昇させる．多くの薬剤や毒物は酵素阻害剤である．

6. 酵素活性は，温度，圧力，化学的環境（pHなど）や，基質の濃度にも影響される．

7. 多くの酵素で，その触媒反応速度は基質濃度によって変化する．酵素反応の最大速度（V_{max}）は，基質が高濃度であり，酵素が基質で飽和されるときに生じる．

8. ミカエリス定数（K_m）は，最大反応速度の1/2の反応速度のときの基質濃度として定義される．

9. 酵素の活性測定は，30℃で，1 mMの基質を含む50 mM酢酸緩衝液（pH5.0）で行った．

10. この酵素はpH5.0で高い触媒活性を発揮した．

4-4 エネルギー代謝

　生体内では，多くの化学反応が組み合わさって物質やエネルギー代謝のための種々の経路が形づくられている．代謝（metabolism）は大きく異化作用（catabolism）と同化作用（anabolism）の2つに分けられる．基本的に，前者は物質を分解してその分解エネルギーの一部を生体が利用できる形で取り出す作用，後者は逆にこうしたエネルギーを用いて生体物質を合成する作用といえる．生体エネルギーを媒介するうえで重要な役割を担っているのはATPという分子である．

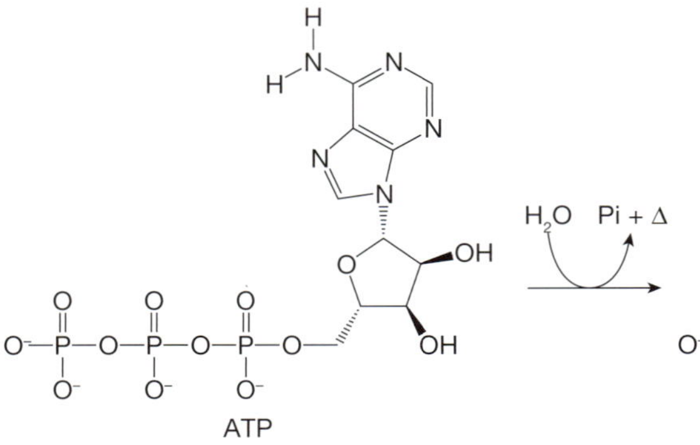

図4.3 ATP と ADP

A 以下の英文を和訳せよ．

1. Living things require a continual input of free energy.

2. ATP consists of adenosine — composed of an adenine ring and a ribose sugar — and three phosphate groups (triphosphate).

3. ATP is an energy-rich molecule because its triphosphate unit contains two phosphoanhydride bonds.

4. A large amount of free energy is liberated when ATP is hydrolyzed to **adenosine diphosphate (ADP)** and orthophosphate (Pi) or when ATP is hydrolyzed to **adenosine monophosphate (AMP)** and pyrophosphate (PPi).
《hydrolyze＝加水分解する，pyrophosphate＝ピロリン酸》

5. The free energy liberated in the hydrolysis of ATP is harnessed to drive reactions that require an input of free energy, such as muscle contraction.

6. The conversion from ATP to ADP is an extremely crucial reaction for the supplying of energy for life processes.

7. Since the basic reaction involves a water molecule, ATP + H_2O → ADP + Pi, this reaction is commonly referred to as the hydrolysis of ATP.

8. Energy is stored in the covalent bonds between phosphates, with the greatest amount of energy (approximately 7 kcal/mole) in the bond between the second and third phosphate groups.

9. In animal systems, the ATP is synthesized in the tiny energy factories called **mitochondria**.

10. Mitochondria convert energy into forms that are usable by the cell.

11. Active transport is the movement of a substance across a cell membrane against its concentration gradient. 《concentration gradient ＝濃度勾配》

(*Biochemistry* (3rd ed.) (L. Stryer), W. H. Freeman and Co., NY, 1988)

用語解説

- adenosine 5′-triphosphate，ATP（アデノシン5′-三リン酸）：高エネルギーリン酸化合物で，生体エネルギー反応を媒介するうえできわめて重要な分子．アデニンリボースに結合した3つのリン酸基間のリン酸エステル結合に高い化学エネルギーがある．連結されたリン酸基が2つのもの，1つのものをそれぞれアデノシン5′-二，一リン酸（adenosine 5′-di, monophosphates, 略号 ADP, AMP）という．
- high-energy phosphate compound（高エネルギーリン酸化合物）：高エネルギー化合物とは，加水分解された際に多量の自由エネルギーの減少が起こる結合（高エネルギー結合）を有する化合物のこと．高エネルギー化合物の例としては，（1）ATP, ADP，ピロリン酸，（2）1,3-ビスホスホグリセリン酸などのリン酸とカルボン酸の脱水縮合化合物，（3）ホスホエノールピルビン酸などのエノールリン酸，（4）アセチル CoA などのチオエステル類，（5）カルバミルリン酸などがある．
- active transport（能動輸送）：生体膜を通して行われる物質やイオンの輸送で，膜内外の濃度勾配や，電気化学的ポテンシャル勾配に逆行してこれらが輸送される現象をいう．これに対して，濃度勾配にしたがって輸送される場合を受動輸送（passive

加水分解の自由エネルギー

	ΔG^0	
	kJ mol^{-1}	k cal mol^{-1}
ホスホエノールピルビン酸	−61.9	−14.8
カルバモイルリン酸	−51.4	−12.3
1,3-ビスホスホグリセリン酸	−49.3	−11.8
クレアチンリン酸	−43.1	−10.3
ATP	−30.5	−7.3
ADP	−27.6	−6.6
ピロリン酸	−27.6	−6.6
グルコース-1-リン酸	−20.9	−5.0
フルクトース-6-リン酸	−15.9	−3.8
AMP	−14.2	−3.4
グルコース-6-リン酸	−13.8	−3.3
グリセロース-3-リン酸	−9.2	−2.2

高エネルギー化合物

transport）という．
- mitochondria（ミトコンドリア）：ミトコンドリアは，ほぼすべての真核細胞にある細胞小器官で，2層の二重膜でできており，細胞内で分裂・増殖し，独自の環状DNAをもっている．ミトコンドリアは，細胞内でエネルギーの合成を行っている．簡単にいえば，酸素を使って炭水化物を分解し，そのエネルギーを細胞内で使うことができるATPという形に変換している．
- chemotroph（化学栄養生物）：化学合成生物ともいう．化合物を暗反応で酸化分解して生体エネルギーを獲得する生物．
- phototroph（光栄養生物）：光によって生体エネルギーを獲得できる生物．
- autotroph（独立栄養生物）：細胞内のすべての有機化合物を，生物の外部から取り込むことなしに，CO_2を還元することからだけ獲得できる生物．そのために用いるエネルギー源から光独立栄養生物（photoautotroph）と，化学独立栄養生物（chemoautotroph）とに大別される．
- heterotroph（従属栄養生物）：炭素源を体外から取り入れる有機化合物に依存している生物．光従属栄養生物（photoheterotroph）と，化学従属栄養生物（chemoheterotroph）がある．

B 和訳

1. 生命あるものは，自由エネルギーを継続的に取り込む必要がある．
2. ATPは，アデノシン（アデニン・リングおよびリボース糖からなる）および3個のリン酸基（三リン酸塩）からなる．
3. ATPは，その三リン酸部分に2個のリン酸無水結合をもつために高エネルギーの物質である．
4. ATPがアデノシン二リン酸（ADP）と無機リン酸（Pi）に，あるいはアデノシン一リン酸（AMP）とピロリン酸（PPi）に加水分解されると，大きな自由エネルギーが放出される．
5. ATPの加水分解により放出される自由エネルギーは，筋肉の収縮などの自由エネルギーを必要とする反応を駆動するための動力に利用される．
6. ATPからADPへの変換は，生命維持のためにエネルギーを供給する非常に重大な反応である．
7. ATP + H_2O → ADP + Piのような基本的な反応は，水分子を必要とし，一般にATPの加水分解とよばれる．
8. エネルギーはリン酸基間の共有結合に蓄えられており，最も大きなエネルギー量

（およそ7 kcal/モル）は，第2番目と第3番目のリン酸基間の結合に備えられている．

9. 動物では，ATPはミトコンドリアとよばれる小さなエネルギー産生工場で合成される．

10. ミトコンドリアは，細胞にとって使用可能な形式にエネルギーを変換する．

11. 能動輸送とは，その濃度勾配に逆らって細胞膜を物質が移動する輸送のことである．

4-5 解糖系とTCA回路（クエン酸回路）

すべてのほ乳類は，グルコースを解糖系（glycolytic pathway）で代謝してピルビン酸または乳酸を生成する．酸素が存在しない場合の最終産物は乳酸のみで，酸素が存

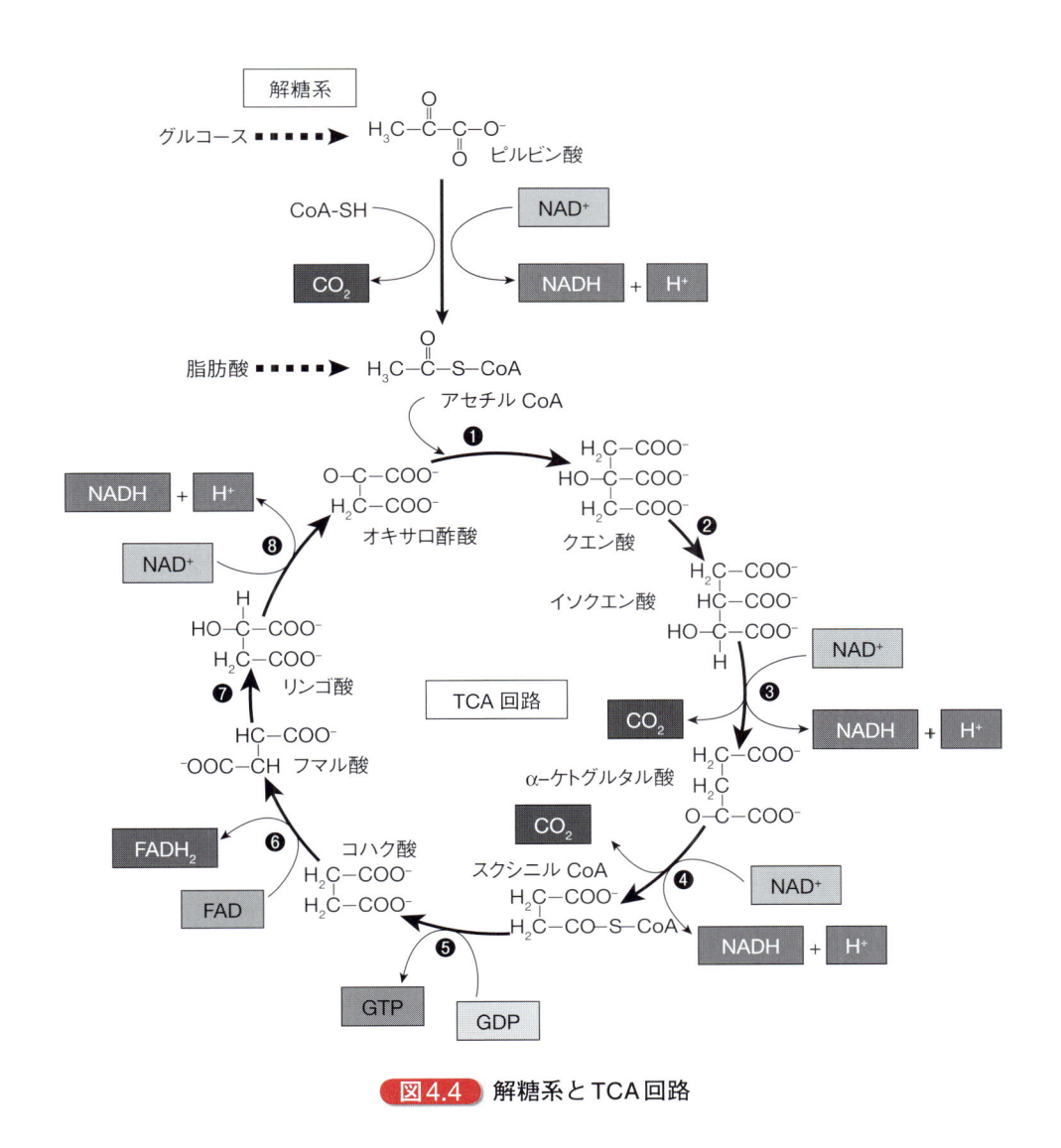

図4.4 解糖系とTCA回路

在する場合にはピルビン酸は代謝されアセチルCoAとなる．

　　　　グルコース→→→ピルビン酸→乳酸

　TCA回路（クエン酸回路，citric acid cycle）は，酸素呼吸を行うほとんどの生物に広くみられ，とくに動植物や菌類などではミトコンドリアとよばれる細胞小器官のマトリックスに局在している．この回路の主な役割は，酸素吸収を伴う電子伝達系（呼吸鎖）とともに働いて炭水化物，脂肪，タンパク質などを水と二酸化炭素に分解し，生命の働きに必須のエネルギー物質であるATP（アデノシン三リン酸）を最も効率よく生産することにある．

　解糖系は酸素が存在しなくても反応は進むが，TCA回路の反応は進まない．これは電子伝達系の反応の最後にO_2が必要であり，酸素がないと反応が完了しないためである．

A 以下の英文を和訳せよ．

1. The most important process in stage 2 of catabolism is the degradation of carbohydrates in a sequence of reactions known as glycolysis — the lysis (splitting) of glucose.
《degradation of carbohydrates ＝ 炭水化物の分解》

2. **Glycolytic pathway** can produce ATP in the absence of oxygen. In the process of glycolytic pathway, a glucose molecule with six carbon atoms is converted into two molecules of pyruvate, each with three carbon atoms.

3. Cellular respiration is the process of oxidizing food molecules, like glucose, to carbon dioxide and water.
$C_6H_{12}O_6 + 6O_2 + 6H_2O \rightarrow 12H_2O + 6CO_2$

4. The free energy stored in 2 molecules of pyruvic acid is somewhat less than that in the original glucose molecule.

5. Glycolysis is the anaerobic catabolism of glucose.
《anaerobic ＝ 嫌気性の》

6. Pyruvic acid is oxidized completely to form carbon dioxide and water in mitochondria.

7. The energy released is trapped in the form of ATP for use by all the energy-consuming activities of the cell. 《trapped ＝ 捕捉される》

8. Mitochondria are membrane-enclosed organelles distributed through the cytosol of most eukaryotic cells.

9. The mitochondrial outer membrane contains many complexes of integral membrane proteins that form channels through which a variety of molecules and ions move in and out of the mitochondrion.

(Copyright © 1994 from Molecular Biology of the Cell, Third Edition by Alberts et al. Reproduced by permission of Garland Science/Taylor & Francis Books, Inc.)

用語解説

- glycolytic pathway（解糖系）：本文中にあるように酸素を必要としないで糖を分解する経路．このため，嫌気的解糖（anaerobic glycolysis）ともいわれる．また，この経路の解明に貢献した研究者の名をとって，エムデン・マイヤーホフ（・パルナス）経路（Embden-Meyerhof (-Parnas) pathway）ともよばれる．
- citric acid cycle（クエン酸回路）：トリカルボン酸（TCA）回路（tricarboxylic acid cycle, TCA cycle）またはクレブス回路（Krebs cycle）ともいう．
- nicotinamide adenine dinucleotide（ニコチンアミドアデニンジヌクレオチド）：NAD（酸化型NADをNAD$^+$，還元型NADをNADH）と略す．ニコチンアミドモノヌクレオチドとアデニル酸がリン酸ジエステル結合で結合したもので，生体内の酸化還元酵素反応の多くに関与する補酵素．また，アデニル酸のリボースにリン酸がエステル結合したものをニコチンアミドアデニンジヌクレオチドリン酸（nicotinamide adenine dinucleotide phosphate）といい，NADP（酸化型をNADP$^+$，還元型をNADPH）と略す．主に生体の水溶液中に存在し，脱水素酵素の利用を通して物質間に水素と電子の授受を媒介し，生体内の酸化還元反応に重要な役割を果たしている．一般に，生体内ではNADは酸化剤として物質の分解異化に，NADPは還元剤として物質の合成に働くことが多い．
- flavin adenine dinucleotide（フラビンアデニンジヌクレオチド）：FADと略す．還元型はFADH$_2$．この分子もNADと類似した酸化還元反応に関わるが，NADと異なりタンパク質と強固に結合して存在することが多い．また，タンパク質によっては，フラビンモノヌクレオチド（FMN）を補酵素としてもつものもある．その還元型はFMNH$_2$である．
- electron transport system（electron transport chain，電子伝達系）：真核生物のミトコンドリアや葉緑体などのオルガネラ膜上，あるいは細菌の細胞膜上で，酸化還元反応が連鎖的に起こって電子が移動する系をいう．
- oxidative phosphorylation（酸化的リン酸化）：電子伝達系の酸化還元反応によって遊離するエネルギーを用いてADPと無機リン酸からATPを合成する反応経路．

B 和訳

1. 異化作用第2段階で最も重要な過程は，解糖—すなわちグルコース（ブドウ糖）の

分解（解裂）—として知られる一連の反応による炭水化物の分解過程である．

2. 解糖系は酸素非存在下でATPを生成しうる反応である．この過程では，6個の炭素原子をもつグルコース分子が，3個の炭素原子をもつピルビン酸2分子に変換される．

3. 細胞呼吸は，グルコースのような食物分子を二酸化炭素と水に酸化させる過程である．

4. 2分子のピルビン酸分子が有している自由エネルギーは，元のグルコース分子が有していたエネルギーよりいくらか低い．

5. 解糖はグルコースの嫌気性異化作用である．

6. ピルビン酸は，ミトコンドリア内で二酸化炭素と水に完全に酸化される．

7. 遊離されたエネルギーは，細胞のエネルギー消費活動に使用されるためにATPの形で捕捉される．

8. ミトコンドリアは，ほとんどの真核細胞の細胞質に存在する膜に囲まれた細胞内小器官である．

9. ミトコンドリア外膜には，ミトコンドリアの外側から内側に種々の分子やイオンを運び込むためのチャンネルを形成する多くの膜タンパク質複合体が存在する．

4.6 免疫とは何か

　免疫系（immune system）は，脊椎動物を微生物や寄生虫の感染から守るように進化してきたが，われわれは免疫システムをもっているおかげで感染による死から守られている．そして，この免疫に関する多くの研究は，ある種の感染症から回復したヒトには，その病気に対する"免疫（immunity）"ができる，つまり同じ病気に二度とかからないという観察がきっかけとなってはじまった．

　免疫とは，自分自身の本来の細胞などの「自己」と身体の外から入ってきた細菌やウイルスなどの「非自己（異物）」を区別して，生命そのものを脅かすことになる「非自己」を排除する働きのことである．このような機構を免疫系とよび，生まれながらにもっている「自然免疫（natural immunity）」と生きていくうちに後天的に得る「獲得免疫（acquired immunity）」の大きく2系統がある．

A 以下の英文を和訳せよ．

1. The vertebrate immune system is a vast network of molecules and cells having a

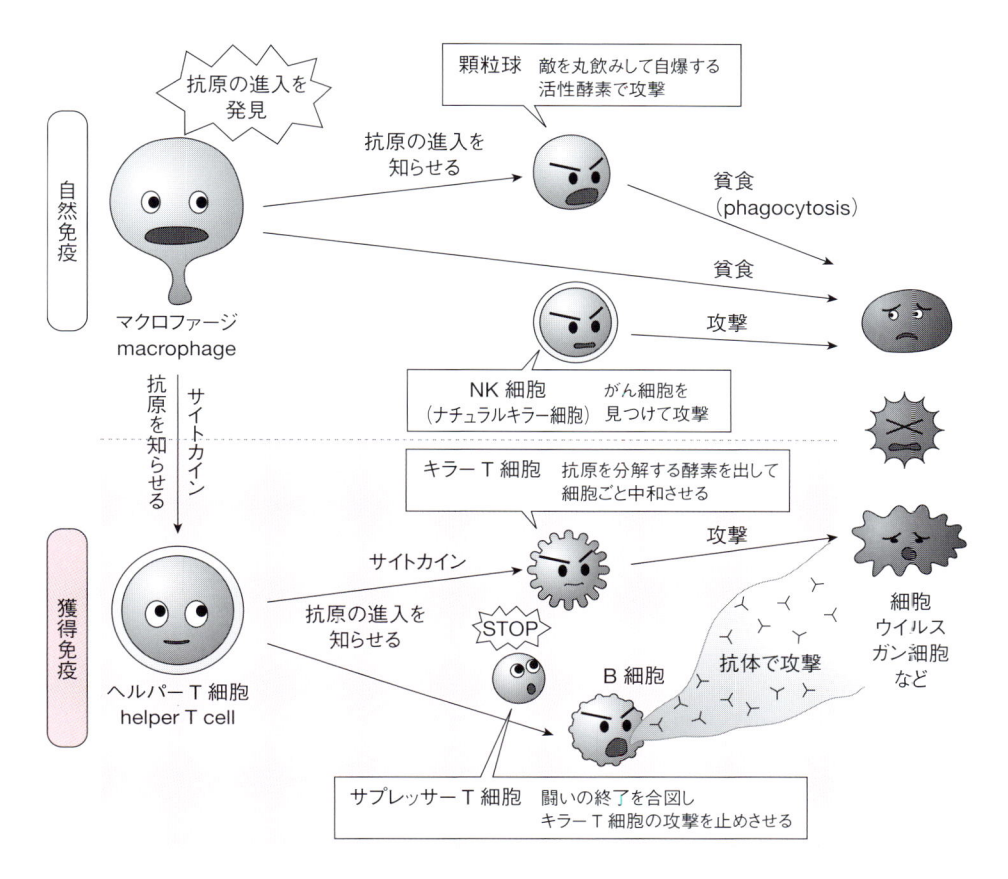

図4.5 自然免疫 (natural immunity) と獲得免疫 (acquired immunity)

single goal: to distinguish between **self and nonself**.
《vertebrate ＝ 脊椎動物の》

2. The primary function of immune system is to protect vertebrates against **microorganisms** - viruses, bacteria, and parasites.

3. The immune system learns from experience and remembers its encounters.

4. The recognition elements of the **humoral immune response** are soluble proteins called **antibodies** (**immunoglobulins**), which are produced by **plasma cells**.

5. In the **cellular immune response**, **T lymphocytes** kill cells that display foreign motifs on their surface.

6. Our immune system saves us from certain death by infection.

7. An individual who recovers from measles is protected against the measles virus but not against other common viruses, such as chicken pox.
《measles ＝ 麻疹（はしか），chicken pox ＝ 水ぼうそう》

8. The immune system evolved to protect vertebrates from infection by microorganisms and parasites.

9. Any substance capable of eliciting an immune response is referred to as an antigen.

(*Biochemistry* (4th ed.) (L. Stryer), W. H. Freeman and Co., NY, 1995, p.361)

用語解説

- self and nonself（自己と非自己）：自分の個体をつくっている種々の成分（自己成分）とその他の成分（非自己）．
- microorganism（微生物）：顕微鏡でしか見えない微小生物の総称で，菌類，ウイルスなどが含まれる．
- specificity（特異性）：ある抗原（非自己物質）はそれに対する抗体としか結合（反応）できないというような非常に厳密な反応性のこと．
- memory（記憶）：いったんある抗原に対して抗体ができる（免疫）と，終生続く免疫ができること．
- humoral immune response（体液性免疫応答）：非自己抗原が体内に入ると，この抗原に対する免疫グロブリンとよばれる抗体タンパク質を産生して抗原に結合し，不活性化される免疫システム．
- antibodies（抗体）：単数形はantibody．非自己物質（抗原）に反応する物質のこと．
- immunoglobulin（免疫グロブリン）：抗体の本体をなすタンパク質で，イムノグロブリンともよばれる．ヒトの場合，5つのクラスG, M, A, E, Dに分けられている．
- plasma cells（形質細胞）：骨髄でつくられる抗体を産生する能力を有する細胞（B細胞）が抗体にさらされることによって活性化・成熟し，抗体を分泌するようになった細胞．
- cellular immune response（細胞性免疫応答）：宿主の細胞表面に結合している非自己抗原を認識する細胞を生み出して，表面に非自己タンパク質をもった宿主細胞を殺すことによって応答するシステム．
- B lymphocyte（B細胞（Bリンパ球））：抗体を産生するリンパ球の一種で，ほ乳類の成体では骨髄で，胎児では肝臓（liver）でつくられる．
- T lymphocyte（T細胞（Tリンパ球））：胸腺から産生される細胞性免疫に関与する細胞で，役割の異なる細胞が混在している．
- MHC protein（MHCタンパク質，主要組織適合性複合体タンパク質）：同種他個体の組織片を移植すると，通常強い拒絶反応を起こす．それを引き起こす細胞表面にある抗原がMHCである．遺伝的に決まっており，1個体の中では体内のすべての細胞に共通である．

B 和訳

1. 脊椎動物の免疫系は，自己と非自己を識別するというひとつの目的をもった多数の分子や細胞がつくる巨大なネットワークである．

2. 免疫系の第一の機能は，微生物（ウイルス，細菌，寄生虫）などから体を守ることである．

3. 免疫系は経験をもとに学習し，一度出会った物質は記憶する．

4. 体液性免疫応答において侵入物を認識する働きをするのは，形質細胞が産生する抗体，すなわち免疫グロブリンとよばれる可溶性タンパク質である．

5. 細胞性免疫応答では，侵入したことを示す目印を表面にもつ細胞をTリンパ球が破壊する．

6. われわれは免疫系をもっているために感染による死から守られている．

7. 麻疹から回復した人は麻疹のウイルスからは守られるが，他のウイルス，たとえば水ぼうそうのウイルスからは守られない．

8. 免疫系は，脊椎動物を微生物や寄生虫の感染から守るように発達してきた．

9. 免疫応答を誘発する物質を抗原とよぶ．

4-7 神経

生体はさまざまな環境の変化に対応して，身体の状態を一定に保って生存を維持す

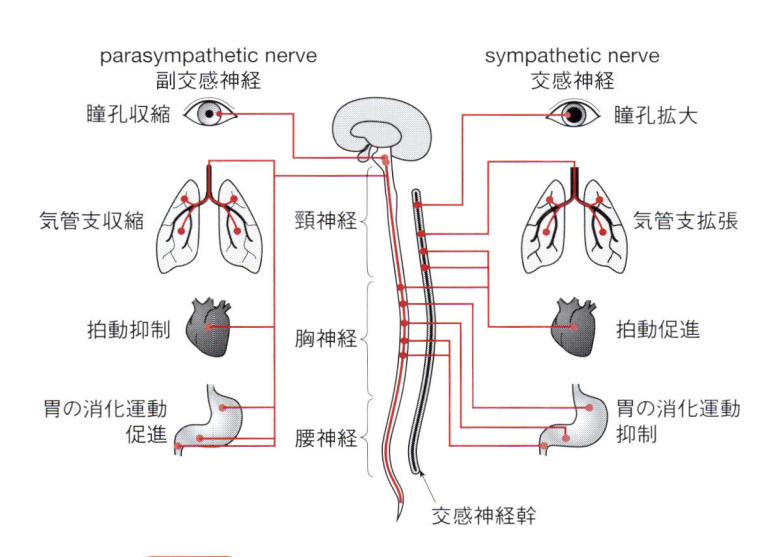

図4.6 自律神経系（交感神経と副交感神経）

る機能を有している．たとえば，動物では，血液の性状を一定に保ったり，体温を調節しており，これらの制御は主に神経やホルモンによって行われ，このような現象を恒常性（ホメオスタシス，homeostasis）とよんでいる．

　神経（neuron）には，からだの各部分に網の目のように張りめぐらされた細かいネットワークの末梢神経系と，そこから集められた情報がさらに集まっている中枢神経系がある．このうち，中枢神経系は，脳と脊髄からなっていて，全身に指令を送る神経系統の中心的な働きをしている．一方，末梢神経系は，中枢神経とからだの内外の諸器官に分布する神経とを結んで情報の伝達を行っており，体性神経系と自律神経系に大別され，自律神経系はさらに，交感神経と副交感神経に分けられる．

A 以下の英文を和訳せよ．

1. The Central **Nervous System** is composed of the **brain** and spinal cord.
   《spinal cord ＝ 脊髄》

2. The brain is composed of three parts: the cerebrum, the cerebellum, and the medulla oblongata.
   《cerebrum ＝ 大脳，cerebellum ＝ 小脳，medulla oblongata ＝ 延髄》

3. The medulla oblongata is closest to the spinal cord.

4. Nervous tissue is composed of two main cell types: **neurons** and **glial cells**.

5. The neuron is the functional unit of the nervous system.

6. Humans have about 100 billion neurons in their brain alone.

7. Neurons are specialized to transmit information throughout the body.

8. There are three basic parts of a neuron: the dendrites, the cell body and the axon.

9. The cell body contains the nucleus, mitochondria and other organelles typical of eukaryotic cells.

用語解説

- nervous system（神経系）：神経系はニューロンとグリア細胞（指示細胞）により構成されている．ヒトの場合，神経は中枢神経系と末梢神経系に分けることができ，中枢神経系は脳と脊髄から構成されている．一方，末梢神経系は運動と感覚をつかさどる体性神経系と自律機能を統合する自律神経系の2種類がある．
- brain（脳）：脳は，狭義には脊椎動物のものを指し，脊髄とともに中枢神経系を構成して，感情・思考・生命維持その他神経活動の中心的役割を担っている．大まかな構造は次図のようになっている．

```
         cerebrum
         大脳半球
interbrain              midbrain
  間脳                    中脳
              cerebellum
         pons   小脳
          橋
                   medulla oblongata
                        延髄
         spinal cord
           脊髄
```

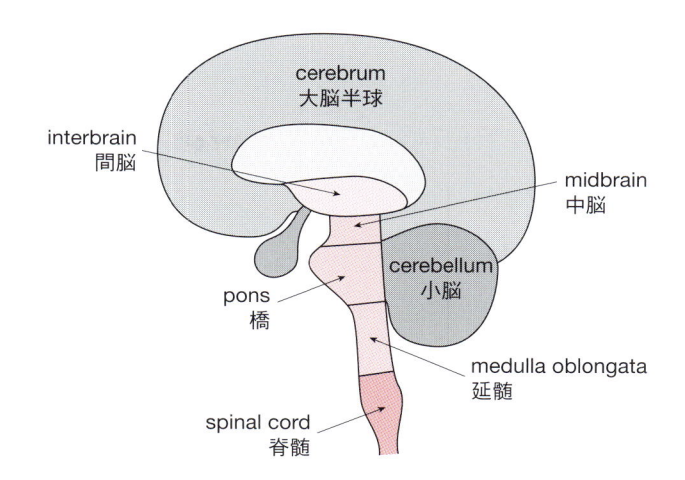

- neuron（ニューロン，神経細胞）：動物の神経組織を形成する細胞の一つで，その機能は神経細胞へ刺激が入ってきた場合に，活動電位を発生させて他の細胞に情報を伝達することである．神経細胞は主に3つの部分に分けられ，細胞核や種々の細胞小器官が存在する細胞体，他の細胞からの刺激を受ける樹状突起，他の細胞に刺激を出力する軸索に分けられる．

- glial cells（グリア細胞）：グリア細胞は神経膠細胞ともよばれ，神経系を構成する神経細胞ではない細胞の総称で，ヒトの脳の場合，神経細胞の50倍ほどの数が存在する．グリア細胞の機能としては，神経細胞の位置を固定・保護する，神経栄養因子の合成と分泌，髄鞘（ミエリン）の構成要素などの働きをしている．

- myelin（髄鞘）：髄鞘は，脊椎動物の多くのニューロンの軸索の周りに存在する絶縁性のリン脂質の層のことで，ミエリン鞘（myelin sheath）ともよばれる．髄鞘はグリア細胞の一種であるシュワン細胞とオリゴデンドロサイト（グリア細胞の一種）からなっており，神経パルスの電導を速くする働きがある．

B 和訳

1. 中枢神経系は脳と脊髄からなる．

2. 脳は3つの部分，すなわち，大脳，小脳および延髄からなる．

3. 延髄は脊髄に隣接している．

4. 神経組織は主に2種類の細胞，すなわち神経細胞とグリア細胞からなる．

5. ニューロン（神経細胞）は，神経系の機能ユニットである．

6. 人間には，脳だけでも約1000億個のニューロンが存在する．

7. 神経細胞は全身に情報を送る働きに特化している．

8. 神経細胞は3つの基本的な構造，すなわち樹状突起，細胞体，軸索から成り立っている．

9. 細胞体には，真核細胞に特有の核，ミトコンドリアなどの細胞小器官が存在する．

4.8 ホルモン

ホルモンは短期ならびに長期にわたり種々の代謝経路を調節しており，化学構造で分類すると，ペプチド・タンパク質，ステロイド，アミノ酸誘導体の3種類である．ホルモン（hormone）という言葉は，ギリシア語のhormaein（意味は"興奮させる"）に由来する．ホルモンは，特定の細胞（産生臓器，産生細胞）で作られて，血流で標的臓器（細胞）に運ばれ，特異的標的臓器（細胞）に作用して特定の応答を引き起こす分子と定義されている．ホルモンが働く標的細胞には特定のホルモンにのみ応答するホルモン受容体が存在していて，超微量（$10^{-12} \sim 10^{-16}$ M）のホルモン量で十分な作用を発揮する．ホルモンの血液中濃度は精密なフィードバック調節機構によって，通常一定に保たれている．

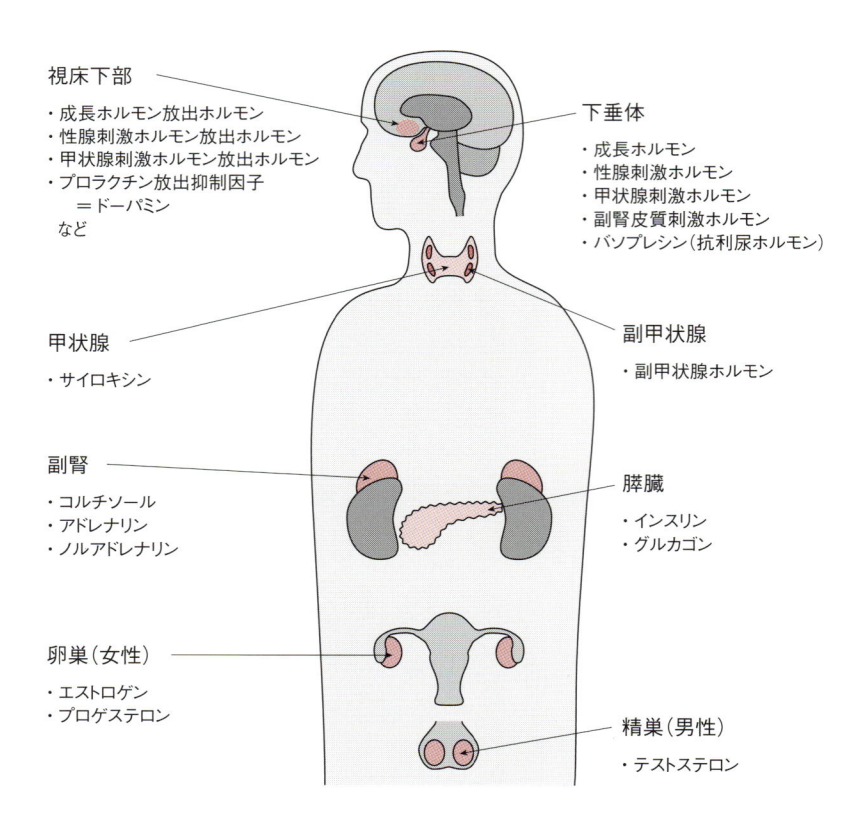

視床下部
・成長ホルモン放出ホルモン
・性腺刺激ホルモン放出ホルモン
・甲状腺刺激ホルモン放出ホルモン
・プロラクチン放出抑制因子
　　＝ドーパミン
　など

下垂体
・成長ホルモン
・性腺刺激ホルモン
・甲状腺刺激ホルモン
・副腎皮質刺激ホルモン
・バソプレシン（抗利尿ホルモン）

甲状腺
・サイロキシン

副甲状腺
・副甲状腺ホルモン

副腎
・コルチソール
・アドレナリン
・ノルアドレナリン

膵臓
・インスリン
・グルカゴン

卵巣（女性）
・エストロゲン
・プロゲステロン

精巣（男性）
・テストステロン

図4.7 主な内分泌産生臓器と産生されるホルモン類

A 以下の英文を和訳せよ．

1. Hormone is a **chemical messenger** released by one cell that is transported by the bloodstream to regulate the function of another cell.

2. The **endocrine system** includes all of the endocrine organs that release hormones into the bloodstream.

3. The endocrine system uses hormones as chemical messengers.

4. The **target cell** or target organ is cell or organ whose activity is regulated by the hormone.

5. Only a small amount of hormone is required to alter cell metabolism.

6. Hormones in animals are often transported in the blood.

7. Hormone signals control the internal environment of the body through homeostasis.

8. Endocrine glands, which are special groups of cells, make hormones.

9. A target cell responds to a hormone because it bears **receptors** for the hormone.

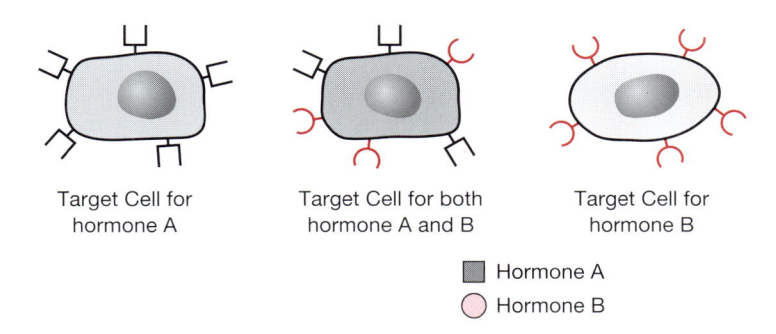

Target Cell for hormone A
Target Cell for both hormone A and B
Target Cell for hormone B

■ Hormone A
● Hormone B

用語解説

- chemical messenger（化学伝達物質）：ケミカルメディエーターともいう．器官，組織，細胞間や細胞内で情報伝達に関与する分子の総称で，広義には，細胞から細胞への情報伝達に使われる化学物質のことである．
- endocrine system（内分泌系）：器官系の一種で，ホルモンを分泌することが主な働きとなっている器官，すなわち内分泌器官をまとめて内分泌系とよんでいる．内分泌器官としては，下垂体・甲状腺・副甲状腺・膵臓・前腎・松果体・精巣・卵巣・胎盤等がある．
- target cell（標的細胞）：ホルモン系では，ホルモンの産生細胞から分泌されたホルモン分子が血管を介してホルモンに対する受容体（レセプター）を有する細胞に対

してのみ作用して命令を伝達する．このホルモンが作用する細胞のことを各ホルモンの標的細胞とよんでいる．

- receptor（受容体）：受容体とは，細胞の膜表面，細胞質，核内などに存在し，物理的な刺激や化学的な刺激を認識して細胞に応答を誘起するタンパク質のことである．ホルモンが受容体に結合した後は，セカンドメッセンジャーとよばれる細胞質内の情報伝達物質の活性を抑えたり，細胞の核に存在する特定の遺伝子（DNA）の転写を促してタンパク質を合成して生体反応を引き起こす．
- second messenger（セカンドメッセンジャー）：ホルモンのような，細胞外のシグナル分子が標的細胞膜上の受容体と結合することによって細胞内で新たに生じる別種の細胞内シグナル分子のことをセカンドメッセンジャー（二次シグナル）とよんで，ファーストシグナル（一次シグナル）である細胞外シグナルと区別している．セカンドメッセンジャーとしては，サイクリックAMP（cAMP），サイクリックGMP，イノシトール三リン酸，ジアシルグリセロール，カルシウムイオンなどが有名である．

B 和訳

1. ホルモンは，細胞によって産生された後，血流によって輸送されて別の細胞の機能を制御する化学伝達物質である．
2. 内分泌系とは血流へホルモン類を放出するすべてのホルモン産生臓器のことである．
3. 内分泌系では，化学伝達物質としてホルモン類が使われている．
4. 標的細胞または標的器官とは，その活動がホルモンによって制御されている細胞または器官のことである．
5. ごく微量のホルモンによって（標的）細胞の代謝系を変化させることができる．
6. 動物のホルモンは多くの場合，血液によって運ばれる．
7. ホルモンのシグナルは，恒常性によって身体の内部環境をコントロールしている．
8. 特別な細胞群である内分泌腺は，ホルモンを産生する．
9. 標的細胞は，ホルモンが結合できる受容体を有しているためにホルモンと反応する．

第5章 細胞工学における英語表現

5.1 微生物の培養

　微生物は多様であり，その培養についてはそれぞれに異なるが，ここではとくに細菌の場合の典型例を中心に，微生物培養に関する基本的な表現についてふれる．

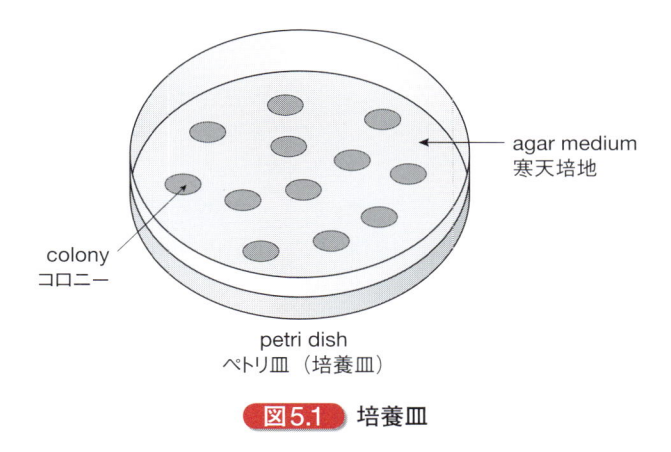

図5.1 培養皿

A 以下の英文を和訳せよ．

1. Culture **media** are of three types: (1) a liquid type, (2) a solid type that can be liquefied by heating and that upon cooling returns to the solid state, and (3) a solid type that cannot be liquefied.

2. Agar is a solidifying agent widely used. It melts completely at the temperature of boiling water and solidifies when cooled to about 40°C. With a few minor exceptions, it has no effect on bacterial growth and is not attacked by bacteria growing on it.

3. Before **sterilization**, hydrated culture media are poured into suitable test tubes or flasks that are closed with **cotton plugs**.

4. After sterilization, some of the tubes of hot liquid media containing agar remain vertical for the agar to solidify, but some are laid on a flat surface with their mouths raised so that when the medium cools and solidifies there is the slant surface, an agar slant.

5. Cotton plugs allow the access of moisture and oxygen but block the entrance of contaminating microorganisms; therefore, the medium remains sterile until used, and microbes with which it is inoculated are not contaminated by those from the outside.
《sterile＝滅菌された》

6. A large surface area for bacterial growth is provided when a solid culture medium

partly fills a **Petri dish**. The petri dish may be filled with a sterile agar medium still hot from the sterilization process, or tube of solidified agar may be melted and poured into the dish.

7. Most media are sterilized by autoclaving. Those that contain carbohydrates may have to be sterilized by the **fractional sterilization** methods because many carbohydrates will not withstand the high temperature of **autoclave**.

8. Among the advantages of using microorganisms such as the bacterium *Escherichia coli* and the yeast *Saccharomyces cerevisiae* are their rapid growth rate and simple nutritional requirements, which can be met with a minimal medium.

9. Both prokaryotes (i.e. bacteria) and single-celled eukaryotes such as yeast, both of which grow in nature as single cells, are easily grown in culture dishes – usually on top of agar.

10. Since the cells in a **colony** all derive from a single cell, they form a clone and have identical genomes (DNA).

(*Principles of Microbiology* (7th ed.) (A. L. Smith) The C. V. Mosby Co., 1973)

用語解説

- medium（培地）：培養基ともいう．複数形はmedia．微生物，高等生物の細胞，組織などを培養するために用いられる．生物の増殖，生育に必要な生物を含んだ液体．本文のように寒天などで固化したものを用いることもある．また，微生物を培養して増殖させるために，少量の種菌を培地に加えることを接種（inoculation）という．動詞はinoculate．接種するものを接種源（inoculum）という．minimal medium（最小培地）は，合成培地のうちで，微生物の発育に必要な栄養素を最小数含む培地．

- sterilization（滅菌）：生育できる微生物やカビなどが存在しない無菌状態をつくり出すことをいう．微生物や細胞の培養には必須な操作である．

- autoclave（オートクレーブ，高圧蒸気滅菌器）：高圧蒸気滅菌用の耐圧釜を備えた加熱装置．オートクレーブを用いて高圧蒸気滅菌処理を行うという意味の動詞として用いられることもある．

- fractional sterilization（間欠滅菌）：60〜100℃程度の温度で30〜60分間の処理を数回くり返し行うことにより滅菌する方法．オートクレーブの高温に耐えられないものを滅菌する場合に行われる．また，より簡便には，適当なろ過装置を通して微生物をろ過滅菌するろ過滅菌法（filtration）も多く用いられる．

- slant culture（斜面培養）：試験管内で好気的微生物の培養を保存，継代するために

多用される培養法．試験管内で寒天培地を斜めにして固化させ，培地表面を大きくしたものを用いて行う．
- cotton plug（綿栓）：脱脂していない綿を適切な固さと大きさに丸めて試験管に栓をする．これにより試験管内への汚染菌の侵入を防ぐとともに，適切な湿度と通気性を保つ．これと同様な効果をもつ多孔性シリコン樹脂栓が市販されており，簡便であるため近年ではこれが多用されている．
- Petri dish（ペトリ皿）：いわゆるシャーレ（Petri-schale, ドイツ語）として知られている円形の浅底の皿で，ガラス製のものとプラスチック製のものがある．プラスチック製のものはオートクレーブの高温に耐えないので，あらかじめガス滅菌などの滅菌処理した市販品を使い捨てにして用いる．
- colony（コロニー）：(細胞)集落ともいう．細胞をそれぞれが生育可能な固形培地に散在させ培養することにより，それぞれの細胞が増殖して形成する細胞の塊をいう．

B 和訳

1. 培地には3つのタイプ，すなわち（1）液体培地と，（2）熱することで液化し，冷却することで固形の状態に戻る固体培地，および（3）液化することのない固体培地がある．

2. 寒天は汎用される固化剤である．寒天は沸騰水の温度で液化し，40℃程度に冷ますと固化する．ごくわずかな例外を除いて，寒天は細菌の生育に何ら影響しないし，生育する細菌によって傷むこともない．

3. 滅菌前に，水和した培地を適当な試験管やフラスコに注ぎ，綿栓で封をしておく．

4. 滅菌後，試験管の一部は垂直に立てて寒天を固化させるが，一部の試験管は平らな面に管口を上向きにして寝かしておき，培地が冷えて固化したときに斜面が，すなわち寒天斜面ができるようにしておく．

5. 綿栓は湿気や酸素を通過させるが，汚染微生物の侵入は阻止する．したがって培地は使用するときまで滅菌された状態を保ち，かつ接種した微生物が外からの微生物に汚染されることもない．

6. ペトリ皿を固体培地で部分的に満たすと，より広い細菌成育用の表面が得られる．滅菌寒天培地が滅菌操作後のまだ熱い状態のうちにペトリ皿に注いでもよいし，試験管内の固化した寒天を溶かしてからペトリ皿に注いでもよい．

7. ほとんどの場合，培地はオートクレーブにかけて滅菌する．炭水化物を含む培地の場合，多くの炭水化物はオートクレーブの高温に耐えないので，間欠滅菌法を用いる必要があるかもしれない．

8. *Escherichia coli*（大腸菌）のような細菌や *Saccharomyces cerevisiae*（出芽酵母）のような酵母を使う長所は，その生育が速いことと，最小培地が見い出せるような単純な栄養要求性をもつことである．

9. 原核生物（細菌など）と酵母のような単細胞真核生物は，いずれも本来単一細胞として生育し，培養皿の中で（通常は寒天上で）簡単に生育する．

10. 1つのコロニー中の細胞は，すべて単一の細胞から由来しているので，これらの細胞は1つのクローンを形成し，同一のゲノム（DNA）をもっている．

5.2 植物細胞とカルスの培養

植物は動物と同様に多細胞生物であるが，その細胞や組織の培養には動物の場合と大きく異なる側面がある．ここでは主に植物細胞の培養に特徴的な表現についてふれる．

A 以下の英文を和訳せよ．

1. In the simplest and perhaps most widely practiced method of maintaining plant cell lines, the **callus**, or the unorganized tissue that results on wounding, is cultured.

2. For biochemical studies, however, liquid suspension cultures of free-living cells are probably preferred, even though they demand more labor. Indefinitely **subculturable** callus or cell suspensions are now attainable with virtually any plant, **bryophytes** through **angiosperms**, and from nearly every plant organ, including stem, root, leaf, fruit, flower, and seed.
《liquid suspension culture ＝ 液体懸濁培養》

3. Callus is easily initiated by simply placing freshly cut sections of disinfested organs on the surface of an agar-gelled medium.

4. The nutrient medium of plant callus and cell cultures should contain a balanced salt mixture, sucrose (3-5%) as carbon source, thiamine・HCl (0.1-10 mg/L), and usually the growth regulators, **auxin** and **cytokinin**.

5. These substances should be tested for their effectiveness as auxin in the concentration range 0.1-10 mg/L: 3-indoleacetic acid (IAA), 1-naphthaleneacetic acid (NAA), and 2,4-dichlorophenoxyacetic acid (2,4-D). Kinetin, N^6-benzyladenine (BA), and N^6-isopentenyladenine (2iP) are the more readily available cytokinins; they should be examined in the range 0.03-3 mg/L.

6. *Myo*-inositol in a concentration of 100 mg/L and other supplements, e.g., citric acid

(2 g/L) and casein hydrolysate (1-3 g/L), also may be helpful.

(*Plant Cell Lines Methods in Enzymology* (J. F. Reynolds and T. Murashige) Academic Press, 1979)

用語解説

- subculture（継代培養）：細胞を継代させるために，培養細胞を再分散させて培養をくり返すこと（初代培養 = primary culture）．
- callus（カルス）：元来は植物体を傷つけたときにできる傷の治癒組織をいうが，植物細胞組織の培養用語としては，植物体の一部を切り取り，適当な培地上で培養したときに形成される不定形の細胞塊のことをいう．
- bryophyte（コケ植物）
- angiosperms（被子植物）
- auxin（オーキシン）：植物ホルモンの一種．インドール-3-酢酸（IAA）がその代表的なものであるが，文中にあるようなNAA，2,4-D などの，IAAと同様な生理活性をもつ合成オーキシンもある．細胞の伸長と分裂の促進，維管束形成，着果など多様な生理効果が得られる．
- cytokinin（サイトカイニン）：植物ホルモンの一種で，細胞分裂の促進因子として発見されたカイネチンと同様な生理活性をもつものの総称．種子の発芽，葉の生長，茎の肥大の促進，葉の老化抑制，根の成長阻害など他にも多様な生理活性がある．
- casein（カゼイン）：乳タンパク質の主成分であるリンタンパク質．この加水分解物が微生物や植物細胞などの培養に用いられることが多い．
- *myo*-inositol（ミオイノシトール）：イノシトールと同じ物質．*myo* は筋肉から分離されたことを意味している．

B 和訳

1. 最も簡便で汎用的かつ実用的な植物細胞系の維持法は，植物体を傷つけることで得られるカルス，あるいは未分化組織を培養することである．

2. しかしながら，生化学的に研究するためには，たとえより多くの労力が必要であったとしても，おそらく浮遊独立細胞を液体懸濁培養するほうが好ましいだろう．現在では，コケ植物から被子植物までの事実上すべての植物において，茎，根，葉，実，花，種なども含めたほとんどすべての植物器官から無限の継代培養が可能なカルス，あるいは細胞懸濁培養が可能となっている．

3. カルスは，寄生生物を除いた切り出したての組織切片を，単に寒天ゲル培地表面に置くだけで簡単に形成しはじめる．

4. 植物のカルスや細胞を培養する栄養培地には，適当なバランスで配合された塩類，炭素源としてのスクロース（ショ糖，3〜5％），チアミン塩酸（0.1〜10 mg/L），そして通常は生育制御因子のオーキシン，サイトカイニンが含まれている必要がある．

5. これらの成分は，その効果的な濃度範囲を試験してみる必要がある．たとえばインドール-3-酢酸（IAA），1-ナフタレン酢酸（NAA），2,4-ジクロロフェノキシ酢酸（2,4-D）などのオーキシン類は，0.1〜10 mg/Lの濃度範囲で検定する．カイネチンやN^6-ベンジルアデニン（BA），N^6-イソペンテニルアデニン（2iP）は使用しやすいサイトカイニン類であるが，これらは0.03〜3 mg/Lの範囲で検討するとよい．

6. 100 mg/L濃度のミオイノシトールや，他の補足物，たとえばクエン酸（2 g/L）とカゼインの加水分解物（1〜3 g/L）などが効果をもつこともありうる．

5.3 細胞融合

　細胞融合（cell fusion）は，受精時の生殖細胞などで自然状態でも起こるが，センダイウイルスなどのウイルスや，ポリエチレングリコール，ポリビニルアルコールなどの細胞膜を溶解する処理によって人為的に試験管内で細胞融合を起こすことが可能になり，雑種細胞を作り品種改良などに利用されている．すなわち，細胞融合は生化学や細胞生物学分野の研究に大きく貢献した細胞工学の手法で，人工的にウイルスや化学的細胞融合促進物質，電気刺激などを利用して異種細胞相互を融合させて雑種細胞をつくり，遺伝子発現の制御機構を調べることや，単一の抗体（モノクローナル抗体）を多量に作製することなどに利用されている．

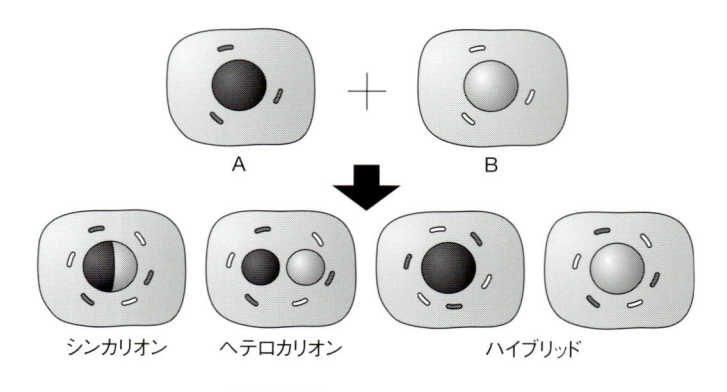

図5.2 細胞の融合方法

A 以下の英文を和訳せよ．

1. It is possible to fuse one cell with another to form a combined cell with two separate

nuclei, called a **heterocaryon**.

2. Typically, a suspension of cells is treated with certain inactivated viruses or with **polyethylene glycol**, either of which alters the plasma membranes of cells in a way that induces them to fuse with each other.

3. Heterocaryons provide a way of mixing the components of two separate cells in order to study their interactions.

4. **Cell fusion** is an important cellular process in which several uninuclear cells (cells with a single nucleus) combine to form a multinuclear cell.

5. Cell fusion occurs during differentiation of muscle, bone and **trophoblastcells**, during embryogenesis, and during morphogenesis.
《embryogenesis＝胚形成，morphogenesis＝形態形成》

6. Cell fusion is the formation of a hybrid cell from two different cells of different species.

7. Hybridoma is a cell hybrid produced *in vitro* by the fusion of a lymphocyte that produces antibodies and a myeloma tumor cell. 《fusion of A and B = AとBの融合》

8. **Hybridomas** are used to produce monoclonal antibodies.

(Copyright © 1994 from Molecular Biology of the Cell, Third Edition by Alberts et al. Reproduced by permission of Garland Science/Taylor & Francis Books, Inc.)

用語解説

・heterocaryon（ヘテロカリオン）：2種以上の遺伝的に異なる核が共存している増殖可能な細胞．異核共存体ともいう．

・polyethylene glycol（ポリエチレングリコール）：PEGと略す．細胞工学の分野では，細胞と細胞，あるいは細胞とリポソームなどを融合させる融合剤として用いられる．また，生化学や遺伝子工学の分野では，核酸，タンパク質，ウイルス粒子などのための沈殿剤としても用いられる．

・cell fusion（細胞融合）：同種または異種の2個以上の細胞が合体し，接する部分の細胞膜を消失して染色体がまざり合い，新しい1個の多核細胞となる現象のこと．

・trophoblastcell（トロホブラスト細胞，栄養芽細胞）：受精卵が子宮壁に着床するのを助け，着床した受精卵を保護するとともに，胎盤の一部を形成する，薄い細胞の層．

・hybridoma（融合細胞，ハイブリドーマ）：2種類の細胞を融合させて作った雑種細胞で，元々の機能をもって細胞増殖が可能となった細胞のこと．骨髄腫細胞とBリンパ球による融合細胞がその代表で，抗体を産生する一方で，増殖することからモノクローナル抗体を多量に得ることができ，研究や臨床に広く応用されている．

B 和訳

1. 1つの細胞を他の細胞と融合させ，ヘテロカリオンとよばれる2つの分離した核をもつ融合細胞をつくることができる．

2. 通常は，融合させるために細胞懸濁液をある種の不活性化したウイルスか，あるいはポリエチレングリコールで処理する．すなわち，これらが細胞の形質膜を互いに融合しやすいように変化させるのである．

3. ヘテロカリオン作成によって，2つの細胞の成分を混合し，これらの間の相互作用を研究する手段が得られる．

4. 細胞融合は，いくつかの単核細胞（単核を有する細胞）が結合して多核細胞を形成する重要な細胞過程である．

5. 細胞融合は，胚形成，および形態形成中に筋肉，骨およびトロホブラスト細胞が分化する課程で起こる．

6. 細胞融合とは，異なる種の2つの異種細胞によるハイブリッド細胞の形成である．

7. 抗体を産生するリンパ球と髄腫腫瘍細胞の細胞融合によって，*in vitro*でハイブリッド細胞が作製された（*in vitro* = 試験管内で，*in vivo* = 生体内で）．

8. ハイブリドーマは単クローン抗体を生産するために使用される．

5.4 モノクローナル抗体

　細胞融合により新たな雑種細胞をつくり出すことが可能となったことから，ミエローマ細胞と感作細胞を実験的に癒合させるとハイブリッド細胞が得られるようになった．この技術によりモノクローナル抗体（monoclonal antibody）が作製可能となり，免疫学的研究だけでなく病気の診断などにも利用されるようになった．すなわち，モノクローナル抗体は，単一の抗体産生細胞に由来するクローンから得られた抗体（免疫グロブリン）のことで，免疫グロブリン分子種が均一で一つのエピトープ（epitope）に対する単一の分子種となるため，抗原特異性がまったく同一の抗体となる．

　モノクローナル抗体を得るには，通常，抗体産生細胞を骨髄腫細胞と細胞融合させることで自律増殖能をもったハイブリドーマ（hybridoma）を作製した後，目的の特異性をもった抗体を産生しているクローンのみを選別（スクリーニング，screening）し，選別した細胞を培養して分泌する抗体（モノクローナル抗体）を精製する．この方法を発明したジョルジュ・J・F・ケーラーとセーサル・ミルスタインは1984年にノーベル生理学・医学賞を受賞した．

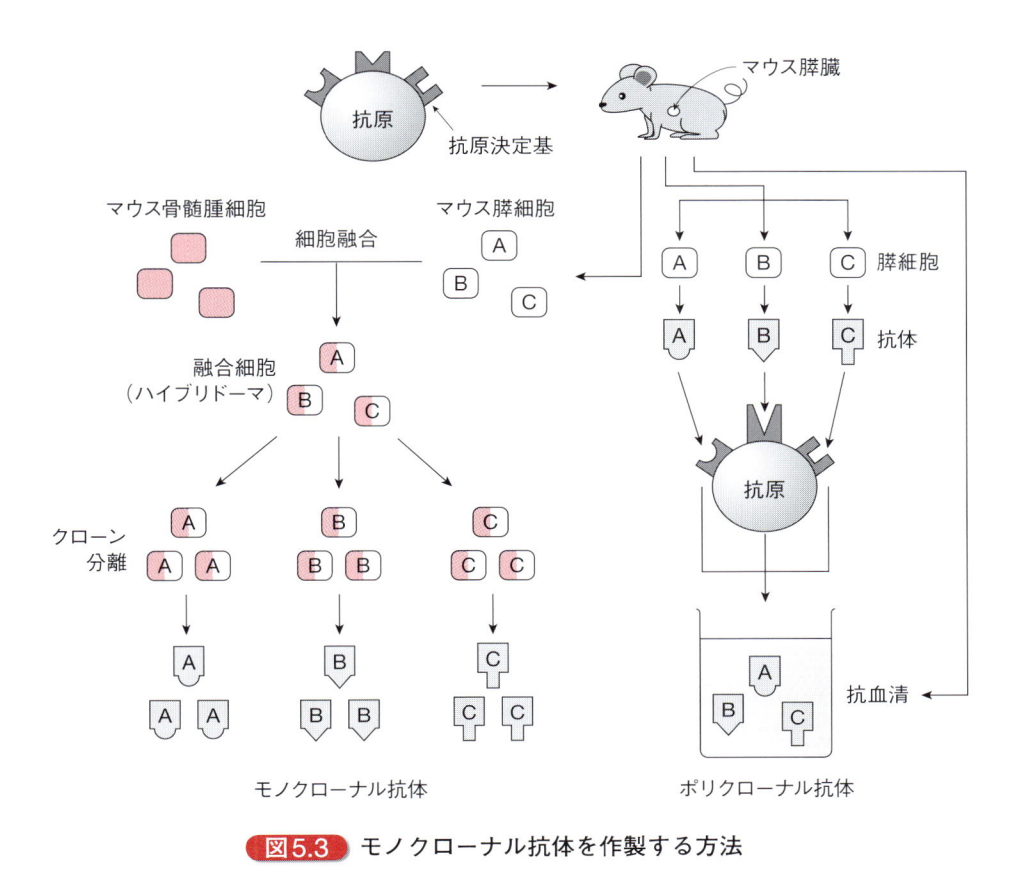

図5.3　モノクローナル抗体を作製する方法

A 以下の英文を和訳せよ．

1. Normal diploid human amnion cells were fused with differentiated mouse muscle cells by using polyethylene glycol.
《diploid human amnion cells ＝ 二倍体のヒト羊膜細胞》

2. In typical hybrid cells, the parental nuclei are combined and chromosomes are progressively lost during cell division.

3. Even very scarce proteins can be isolated by affinity chromatography in columns to which the **monoclonal antibody** for them is bound.
《them ＝ the scare proteins》

4. Immunochemical procedures provide protein assay techniques of high sensitivity and discrimination.

5. Antibodies extracted from the blood serum of an animal that has been immunized against a particular protein are the products of many different antibody-producing cells.

6. Monoclonal antibodies may be obtained by fusing a cell producing the desired antibody with a cell of an immune system cancer known as a **myeloma**.

7. The resulting **hybridoma** cell has an unlimited capacity to divide and, when raised in cell culture, produces large quantities of the monoclonal antibody.

8. Monoclonal antibody is coupled to another molecule, for example, a fluorescent molecule to aid in imaging the target.

9. Antibodies can bind to molecules expressed at the surface of target cells.

(*Biochemistry* (2nd ed.), D. Voet & J. G. Voet. Copyright © 1995, Reproduced with permission of John Wiley & Sons, Inc.)

用語解説

- monoclonal antibody（モノクローナル抗体）：単クローン抗体ともいう．単一クローンの抗体産生細胞が分泌する，アミノ酸配列が均一で唯一の抗原決定基を認識する抗体．これに対して，単一の抗原を認識する複数の抗体の混合物をポリクローナル抗体とよび，図5.3に示したように抗原で免疫した動物の血清中から得られる．
- clone（クローン）：クローンとは，同一の起源をもち，なおかつ均一な遺伝情報をもつ遺伝子，細胞，生物の集団のことで，もとはギリシア語で植物の小枝の集まりを意味する "κλών klōn＝小枝" から1903年，ハーバート・ウェッバーが，栄養生殖によって増殖した個体集団を指す生物学の用語として "clone" という語を考案した．
- epitope（エピトープ）：抗体が作られるときに認識される抗原の特定の最小構造単位のことで，抗原決定基（antigenic determinant）ともよばれる．通常は6〜10個のアミノ酸や5〜8個の糖の配列から成り立っており，1つの抗原には複数のエピトープが含まれている．したがって，抗体は病原微生物や高分子物質などと結合する際には，その全体を認識するわけではなく，エピトープを認識して結合する．
- myeloma（ミエローマ，骨髄腫）：骨髄細胞から発生する腫瘍の総称であるが，その大部分は免疫グロブリン産生能をもつ形成細胞腫である．通常，骨髄内の各所で多発する傾向があり，このような場合を多発性骨髄腫という．
- hybridoma（融合細胞，ハイブリドーマ）：骨髄腫（ミエローマ）などの増殖可能な腫瘍細胞と，抗体産生細胞などの分化した増殖できない細胞とを人工的に融合させ，増殖能力と分化した機能を合わせもつようにした細胞．

B 和訳

1. ポリエチレングリコールを用いて，ヒトの正常二倍体羊膜細胞を分化したマウス筋肉細胞と融合させた．

2. 典型的な雑種細胞においては，親細胞の核が合体し，染色体は細胞分裂にした

がって徐々に失われる．

3. どんなに微量のタンパク質でも，それに対するモノクローナル抗体を結合させたカラムでクロマトグラフィーを行うことで分離精製することができる．

4. 免疫化学的手法を用いることによって，高感度，高特異的なタンパク質検定の技術を得ることができる．

5. ある特定のタンパク質で免疫した動物の血清から抽出される抗体は，多くの異なった抗体産生細胞がつくり出した産物である．

6. モノクローナル抗体は，必要とする抗体を産生する細胞をミエローマとして知られる免疫系のがん細胞と融合させることによって手に入れることができる．

7. 得られる融合細胞は，いくらでも分裂できる能力をもち，細胞培養で生育させることで大量のモノクローナル抗体を産生することができる．

8. モノクローナル抗体は，たとえば目標とする分子の存在場所を特定するために蛍光性分子に結合することができる．

9. 抗体は標的細胞の表面に発現している分子と結合することができる．

5-5 トランスジェニック生物

　トランスジェニック（遺伝子導入，形質転換）技術とは，ある生物から目的とする有用な遺伝子を取り出し，改良しようとする生物に導入して新しい性質を獲得させる技術である．また，トランスジェニック生物とは，発生初期の受精卵に外来の遺伝子を導入し，すべての細胞内にその遺伝子を組み込んだ生物のことである．生殖細胞にも外来の導入遺伝子が組み込まれているため，子孫にもこの遺伝子が伝達される．

A 以下の英文を和訳せよ．

1. For many purposes it is preferable to tailor an intact organism rather than just a protein — true genetic engineering. 《intact ＝完全なままの》

2. Multicellular organisms expressing a foreign gene (from another organism) are said to be transgenic and their transplanted foreign genes are often referred to as transgenes.

3. For the change to be permanent, that is, heritable, a transgene must be stably integrated into the organism's germ cells.
《germ cell ＝生殖細胞》

4. For mice, this is accomplished by **microinjecting** cloned DNA encoding the desired altered characteristics into a **pronucleus** of a **fertilized ovum** (a fertilized ovum contains two pronuclei, one from the sperm and the other from the egg, which eventually fuse to form the nucleus of the one-celled **embryo**), and implanting it into the uterus of a foster mother.

《sperm＝精子，egg＝卵子，uterus of a foster mother＝代理母の子宮》

5. The use of transgenic mice has greatly enhanced our understanding of vertebrate gene expression.

(*Biochemistry* (2nd ed.), D. Voet & J. G. Voet. Copyright © 1995, Reproduced with permission of John Wiley & Sons, Inc.)

用語解説

- microinjection（マイクロインジェクション）：微量注入ともいう．微細管を用いて動物の卵細胞あるいは培養細胞の核や細胞質に，DNAなどの分子を直接注入すること．
- pronucleus（前核）：受精の過程に見られる精子と卵由来の一倍体の核のことをいう．2つの前核が融合して二倍体の核を形成することで受精が完了する（半数体＝haploid）．
- fertilized ovum（受精卵）：卵（ovum）は卵細胞または卵子ともいう．
- embryo（胚）：動物における胚（動物胚）とは，受精卵が分裂して発生していく段階の個体のことをいう．

B 和訳

1. 多くの目的をかなえるためには，タンパク質を扱う純粋遺伝子工学よりも，むしろ完全な一個体の生物を仕立て上げることが望ましい．
2. 外来の（他の生物由来の）遺伝子を発現している多細胞生物をトランスジェニックであるといい，導入した遺伝子のことはトランス遺伝子とよぶことが多い．
3. 導入した変化を永続，すなわち遺伝させるためには，トランス遺伝子がその生物の生殖細胞の中に安定的に組み込まれなければならない．
4. マウスの場合には，望み通りに変化した特性をもつクローン化遺伝子を受精卵の前核（受精卵は精子由来と卵子由来の2つの核をもつが，最終的にはこれらの核は融合し，1細胞胚の核を形成する）へマイクロインジェクションし，得られた受精卵を代理母の子宮に移植することでこれが達成される．
5. トランスジェニックマウスの利用によって，脊椎動物の遺伝子発現におけるわれわれの理解は大きく促進された．

第6章 遺伝子工学における英語表現

6-1 遺伝子の複製と発現

　遺伝情報はDNA上にあり，細胞の分裂とともに複製され，娘細胞や子孫に伝えられる．また，遺伝子DNAは転写，翻訳を介して生物の形質に関わるかたちで発現 (expression) する．すなわち，まずRNAに転写され，さらに転写物のRNAは，タンパク質に翻訳されて生理的な機能をもつタンパク質がつくられる．翻訳とは，4種類の文字 (アデニン，グアニン，シトシン，チミン) からなるRNAの文字列を，20種類の文字からなるタンパク質の文字列 (アミノ酸) に変換することをいう．

A 以下の英文を和訳せよ．

1. DNA is replicated by enzymes known as **DNA polymerases**.

2. DNA polymerases utilize single-stranded DNA as templates on which to catalyze the synthesis of the complementary strand from the appropriate **deoxynucleoside triphosphates**.
《template ＝鋳型》

3. Nearly all known DNA polymerases can only add a nucleotide donated by a nucleoside triphosphate to the free 3′-OH group of a base paired polynucleotide so that DNA chains are extended only in the 5′→3′direction.
《free 3′-OH group of ＝未連結の3′末端のOH基》

4. Transcription is the first step of gene expression, in which a particular segment of DNA is copied into RNA by the enzyme **RNA polymerase.**

5. DNA templates contain regions called promoter sites that specifically bind RNA polymerase and determine where transcription begins.
《promoter site ＝プロモーター部位》

6. The central dogma brings us to the genetic code, the relation between the sequence of bases in DNA { or its messenger RNA (mRNA) transcript } and the sequence of amino acids in a protein.

7. The **genetic code** is nearly the same in all organisms, and a sequence of three bases, called a **codon**, specifies an amino acid.

8. Codons in mRNA are read sequentially by **transfer RNA** (tRNA) molecules, which serve as adaptors in protein synthesis.

9. Protein synthesis takes place on ribosomes, which are complex assemblies of

ribosomal RNAs (rRNAs) and more than fifty kinds of proteins.

10. Newly synthesized proteins contain signals that enable them to be targeted to specific destinations.

11. Most eukaryotic genes are mosaics of **introns** and **exons**. Both are transcribed, but introns are cut out of newly synthesized RNA molecules, leaving mature RNA molecules with continuous exons.

12. Primary **transcripts** in eucaryotes are extensively modified, as exemplified by the capping of the 5′ end of an mRNA precursor and the addition of a long **poly A** tail to its 3′ end. Most striking is the **splicing** of mRNA precursors, which is catalyzed by spliceosomes consisting of ribonucleoproteins (snRNPs).

(*Biochemistry* (2nd ed.), D. Voet & J. G. Voet. Copyright © 1995, Reproduced with permission of John Wiley & Sons, Inc.)

用語解説

・DNA polymerase（DNAポリメラーゼ，あるいはDNA合成（複製）酵素）：細胞内におけるDNA複製は非常に複雑な過程を通して進められる．この過程にはさまざまなタンパク質が関与するが，その中でもDNAポリメラーゼは，本文中にあるように直接的にDNA合成反応を触媒する酵素であり，遺伝子工学の上でも汎用性の高い重要な酵素である．通常の生物には複数種のDNAポリメラーゼがあり，ウイルス（virus）やバクテリオファージ（bacteriophage）にもこれをもつものがある．また，その種類によってはDNA合成以外の触媒活性をもつものもある．

・deoxynucleoside triphosphate（デオキシヌクレオシド三リン酸）：dNTPと略す．DNAポリメラーゼがDNAを合成する際には，それぞれの塩基部分にA，G，C，Tをもつデオキシアデノシン三リン酸，デオキシグアノシン三リン酸，デオキシシチジン三リン酸，デオキシチミジン三リン酸が必要である．

・template（鋳型）：分子生物学，生化学の分野では，DNA，RNAなどの高分子が合成される際に，既存の分子の配列情報が新規の合成分子の配列を決めるとき，この既存の分子を一般に鋳型とよぶ．

・RNA polymerase（RNAポリメラーゼ，またはRNA合成酵素）：DNAを鋳型にNTPを基質としてRNAを合成する酵素の総称．DNAポリメラーゼと異なって合成反応にプライマーを必要としないが，鋳型DNA上にプロモーター部位があることが転写を開始するために必要である．

・transcription（転写）：DNAの塩基配列からRNAのそれへと遺伝情報が転移されることをいう（逆転写 = reverse transcription）．

・translation（翻訳）：セントラルドグマにおいてRNAの塩基配列からタンパク質のア

ミノ酸配列へと遺伝情報が転移されること.
- messenger RNA（mRNA, メッセンジャーRNA, または伝令RNA）：DNAの塩基配列とタンパク質のアミノ酸配列間の遺伝情報を仲介するRNA分子.
- genetic code（遺伝コード, あるいは遺伝暗号）：タンパク質のアミノ酸配列を特定する情報をもつ核酸の塩基配列.
- codon（コドン）：アミノ酸の種類を特定する3つ組みの塩基配列. 対応するアミノ酸（tRNA）をもたないコドンを終止コドン（termination codon）またはナンセンスコドン（nonsense codon）ともいう. UUA, UAG, UGAの3種類があり, それぞれochre（オーカー）, amber（アンバー）, opal（オパール）という名称がついている. これらは翻訳を終結させるシグナルとしての役割をもつため, 終止シグナル（termination signal）とよばれることもある. また, コドンと対になる塩基配列をアンチコドン（anticodon）という.
- transfer RNA（tRNA, トランスファーRNA, または転移RNA）：遺伝暗号（コドン）とタンパク質間のアミノ酸の種類を対応づけるRNA分子.
- ribosomal RNA（rRNA, またはリボソームRNA）：リボソームを構成するRNA分子.
- protein synthesis（タンパク質合成）：リボソーム上で, mRNAを鋳型として翻訳合成される.
- transcript（転写産物）：DNAを鋳型に転写され, 合成されたRNA産物.
- poly A（ポリ（A））：ポリアデニル酸の略. 塩基としてアデニンのみをもつポリヌクレオチド. 真核生物のmRNAのほとんどは, その3'末端に数十〜200ヌクレオチドのポリ（A）をもつ.
- intronとexon（イントロンとエキソン（エクソン））：真核生物の遺伝子DNA中には, タンパク質のアミノ酸配列情報をもつ塩基配列の間に, これをもたない塩基配列が挿入されていくつかに分断されていることが多い. これらの挿入部分はともにRNAとして転写されるが, リボソーム上でタンパク質合成の鋳型となる前に切り除かれる. このような挿入配列部分をイントロンとよび, その他の配列部分をエキソンという.
- splicing（スプライシング）：一般には, RNAが転写された後, イントロンが切り出されて, エキソン部分のみが連結される過程をいう. mRNAの場合は, 本文中にもあるように, 通常はスプライソソームとよばれる複合体によって行われるが, RNAによっては自己触媒的にこれを行うものもある. また, ある生物の一部のタンパク質では, RNAの段階ではなく, タンパク質まで合成された段階で, 自己触媒的に内部のアミノ酸配列の一部が切り出されるprotein splicingも知られている.

B 和訳

1. DNAはDNAポリメラーゼとして知られる酵素によって複製される．

2. DNAポリメラーゼは一本鎖DNAを鋳型として用い，この鋳型上で，適当なデオキシヌクレオシド三リン酸から相補的な鎖を合成する反応を触媒する．

3. 既知のほとんどのDNAポリメラーゼは，ヌクレオチドの未連結の3′末端のOH–基に付加することしかできないため，DNA鎖は5′→3′方向にのみ伸びることになる．

4. 転写は遺伝子発現の最初の段階であり，そこでは特定のDNA部分がRNAポリメラーゼという酵素でRNAに複写される．

5. DNAの鋳型には，RNAポリメラーゼに特異的に結合して転写開始を決めるプロモーター部位とよばれる部位がある．

6. セントラルドグマがもたらした次の課題は，遺伝暗号，すなわちDNA（あるいは，メッセンジャーRNA（mRNA），転写物）の塩基配列とタンパク質のアミノ酸配列間の関係の解読である．

7. 遺伝暗号は，すべての生物でほぼ同じといってよく，3塩基からなる1つの塩基配列はコドンとよばれ，1つのアミノ酸を特定する．

8. mRNA上のコドンは，タンパク質合成の際にアダプターとして働く転移RNA（tRNA）によって，逐次読みとられていく．

9. タンパク質合成はリボソーム上で行われる．リボソームとは，リボソームRNA（rRNA）と50種類以上のタンパク質が集合した複合体である．

10. 新たに合成されたタンパク質には，このタンパク質を特定の場所へと向かわせるシグナルとなる配列が備わっている．

11. ほとんどの真核生物の遺伝子中には，イントロンとエキソンがモザイク状に入り混じって存在している．これらの両者とも転写されるが，イントロンは新規合成されたRNA分子から切り除かれ，成熟RNA上にはエキソンが連続的につながることになる．

12. 真核生物の一次転写産物は大幅な修飾を受ける．たとえば，mRNA前駆体の5′末端へのキャップの付加と，3′末端への長いポリA尾部の付加などがあげられる．こうした修飾のなかで最も際立っているのが，RNAのスプライシングである．スプライシングは，リボ核酸タンパク質（snRNP）からなるスプライソソームによって触媒される．

6-2 プラスミド

　遺伝子工学には，宿主-ベクター系が必要である．ベクター（vector）は，DNA断片を受け手の細胞（宿主，host）まで運搬する役割をもつが，プラスミド（plasmid）は遺伝子工学の上で最も汎用性の高いベクターといえる．

A 以下の英文を和訳せよ．

1. **Plasmids** are **circular DNA** duplexes of 1 to 200 kb that contain the requisite genetic machinery, such as replication origin, to permit their autonomous propagation in bacterial host or in yeast.
《duplex ＝ 二本鎖，origin ＝ 起点》

2. Replication of plasmid DNA is carried out by subsets of enzymes used to duplicate the bacterial chromosome. However, different plasmids use different subsets and replicate to different extents in their hosts.

3. Some plasmids reach copy numbers as high as 700 per cell, whereas others are maintained at the minimal level of 1 plasmid molecule per host-cell chromosome.

4. The control of plasmid copy number resides in a region of the plasmid DNA that includes the origin of DNA replication.

5. In **transformation** of *E. coli* with **pUC18** plasmid, bacteria that have failed to take up any plasmid are excluded by adding the antibiotic ampicillin to the growth medium. 《antibiotic ampicillin ＝ 抗生物質であるアンピシリン》

6. *E. coli* transformed by an unmodified pUC18 plasmid form blue colonies in the presence of **X-gal**. However, *E. coli* transformed by a pUC plasmid containing a foreign DNA insert in its polylinker region forms colorless colonies because the insert interrupts the protein-encoding sequence of the *lacZ'* gene and they lack β-galactosidase activity.

(*Molecular Cloning* (2nd ed.) Cold Spring Harbor Lab. Press, 1989)

用語解説

- plasmid（プラスミド）：宿主の染色体DNAとは独立して複製され，遺伝されていく染色体外遺伝因子．遺伝子操作のうえではとくに重要なベクターとして用いられ，汎用される宿主のものについては，さまざまな目的に合った改変型のプラスミドベクターが作製されている．
- circular DNA（環状DNA）：末端がなく，環状につながったDNA分子．真核細胞の

染色体が末端をもつ線状DNA（linear DNA）であるのに対して，細菌の染色体およびプラスミドDNAは環状DNAである．環状DNA鎖は一般にDNA二本鎖がさらによじれあってコンパクトな形状になっており，これを閉環状DNA（closed circular DNA, ccDNA）という．二本鎖のうちの一方に断点が生じると，このよじれがほどけて開いた形状の環状DNA（open circular DNA, ocDNA）になる．これらは電気泳動での移動度も異なる．

- transformation（形質転換）：動詞transformの名詞形．遺伝子工学の用語としては，一般に外来DNAの導入によって細菌の形質を変化させることを意味する．ただし，動物細胞の場合には，細胞の形質ががん細胞やがん細胞に類似した表現形質に変化することにも用いられる．動物細胞に外来DNAを導入する場合にはtransfection（形質移入）という用語が用いられるが，この場合には，一般的に導入された形質は一過性で遺伝しない．また，細菌の場合にも，ファージを用いてDNAを導入する場合は，感染という意味のtransfectionを用いる．なお，外来DNAを細胞内に取り込むことができる状態の細胞をコンピテントセル（competent cell）という．
- pUC18：大腸菌を宿主とする遺伝子組換え実験に多用されるプラスミドベクターの一つ．多コピープラスミドで，形質転換した細菌を選択するためのマーカーとして，抗生剤アンピシリン耐性遺伝子とβ-ガラクトシダーゼの遺伝子をもつ．
- X-gal：β-ガラクトシダーゼで加水分解されると青く呈色する薬剤．

B 和訳

1. プラスミドは，1キロ塩基対から200キロ塩基対の環状二本鎖DNAであり，複製起点などの必須な遺伝装置を備えて，細菌宿主や酵母内で自律的に増殖できるDNA分子である．

2. プラスミドDNAの複製は，バクテリア染色体の複製に用いられる一群の酵素によって行われる．しかし，宿主内においてどのような組み合わせの酵素群が用いられ，どの程度のコピー数で複製されるかはプラスミドの種類によって異なる．

3. コピー数が1（宿主）細胞あたり約700まで達するプラスミドもあれば，1宿主細胞染色体あたり最小限の1個程度でとどまるものもある．

4. プラスミドのコピー数は，プラスミドのDNA複製起点を含む領域によって制御されている．

5. pUC18プラスミドを用いた大腸菌の形質転換において，プラスミドを取り込みそこねた菌は，抗生物質であるアンピシリンを培地に加えておくことで除去される．

6. 手を加えないpUC18プラスミドで形質転換した大腸菌は，X-galの存在下で青色

のコロニーを形成する．しかし，ポリリンカー領域に外来DNAの挿入をもつ pUC18プラスミドで形質転換した大腸菌は，無色のコロニーを形成する．これは挿入によって *lacZ'* 遺伝子のタンパク質をコードする配列が途中でさえぎられ，そのため大腸菌がβ-ガラクトシダーゼ活性をもたないためである．

6-3 制限酵素

　遺伝子工学における制限酵素（restriction enzyme）は，DNAを切断する「はさみ」に相当する酵素で，たとえば，*Hind*IIIなら，AAGCTTという配列を認識し，目的とする遺伝子を特異的に切り出す遺伝子操作には必須の道具である．

A 以下の英文を和訳せよ．

1. **Restriction enzymes** bind specifically to and cleave double-stranded DNA at specific site within or adjacent to a particular sequence known as the recognition sequence.
《cleave＝切断する，adjacent＝隣接した》

2. Restriction enzymes have been classified into three groups, type I, type II, and type III enzymes. Among the three types of the enzymes, only type II enzymes are widely used in gene manipulation.

3. Type II **restriction/modification systems** are binary systems consisting of a restriction endonuclease that cleaves a specific sequence of nucleotides and a separate methylase that modifies the same recognition sequence.
《binary＝2つの，methylase＝メチル化酵素》

4. The vast majority of type II restriction enzymes recognize specific sequences that are four, five, or six nucleotides in length, and display twofold symmetry. A few enzymes, however, recognize longer sequences or sequences that are degenerate.
《twofold symmetry＝2回対称形》

5. The location of cleavage site within the axis dyad symmetry differs from enzyme to enzyme: Some cleave both strands exactly at the axis of symmetry, generating fragments of DNA that carry **blunt ends**; others cleave each strand at similar location on opposite sides of the axis of symmetry, creating fragments of DNA that carry protruding single-stranded termini.
《axis dyad symmetry＝2回回転軸を中心とした対称配列，protruding termini＝突出末端》

6. Chromosomal DNA is digested with *Eco*RI, and the DNA fragments are ligated to *Eco*RI-digested pUC18.

(*Molecular Cloning* (2nd ed.) Cold Spring Harbor Lab. Press, 1989)

用語解説

- restriction enzyme（制限酵素）：restriction (endo) nuclease ともいう．文中に記述されているように，遺伝子組換え（genetic recombination）操作において非常に汎用される．非常に多種類の酵素が知られており，その多くが市販されている．なお，記述されていないが，II型酵素群の中には8ヌクレオチドの長さを認識する酵素も知られている．DNAを制限酵素で消化して得られた断片を制限（酵素）断片（restriction fragment）という．
- restriction/modification system（制限／修飾系）：制限酵素は，細菌が外来DNAを特異的に分解し，これから自己を防御するために備わった酵素と考えられる．通常，細菌は自己のDNAを自己の制限酵素による切断から保護するために，同様の配列を認識してこれを修飾する修飾酵素としてDNAメチラーゼも合わせもっている．
- blunt end（平滑末端）：II型酵素の認識配列，切断の様式はさまざまであり，二本鎖のDNAを同一の切断部位で切断し，二本鎖がそろった末端を生じるものと，同一でない切断部位で切断し，一方の鎖上に一本鎖DNAが突出した末端（互いに相補的）を生じるものとがある．前者のような切断によって生じる末端を平滑末端，後者のものを付着末端，あるいは相補末端という．後者の場合には，5′末端が突出した形になる場合と，3′末端が突出した形になる場合がある．

B 和訳

1. 制限酵素は，認識配列として知られる特殊な配列の内部，あるいはそれに隣接した特異的な部位で二本鎖DNAと特異的に結合し，これを切断する．

2. 制限酵素は，I型，II型，III型の3群の酵素群に分類されている．これら3群の酵素のうちで，II型の酵素群のみが遺伝子操作に汎用されている．

3. II型の制限／修飾系は，特異的なヌクレオチド配列を切断する制限酵素と，これと同じ配列を修飾する別のメチル化酵素の2つから成り立っている系である．

4. 大部分のII型制限酵素は，4，5ないしは6ヌクレオチドの長さをもつ，2回対称形を備えた特異的な配列を認識する．しかし，より長い，あるいは変形した形の配列を認識する酵素も少数存在する．

5. 2回対称軸内の切断部位の位置は，酵素によってさまざまに異なる．すなわち，DNAの両鎖を正確に対称軸の位置で切断し，平滑な切断末端をもったDNA断片

を生成する酵素もあれば，対称軸の反対側にある同様な部位で切断し，一本鎖の突出末端をもつDNA断片を生じさせる酵素も存在する．

6. 染色体DNAを*Eco*RIで分解し，DNA断片を*Eco*RIで切断したpUC18に連結（ライゲーション，ligation）する．

6-4 DNAの解析技術

遺伝子工学の基本的な解析技術としては，ゲル電気泳動（gel electrophoresis）とこれを用いたDNAおよびRNAのハイブリダイゼーション（hybridization），DNA塩基配列解析などがある．近年では，ポリメラーゼ連鎖反応（PCR）や部位特異的な塩基置換変異などの手法が，遺伝子組換え技術の発展に新しい要素を加えている．

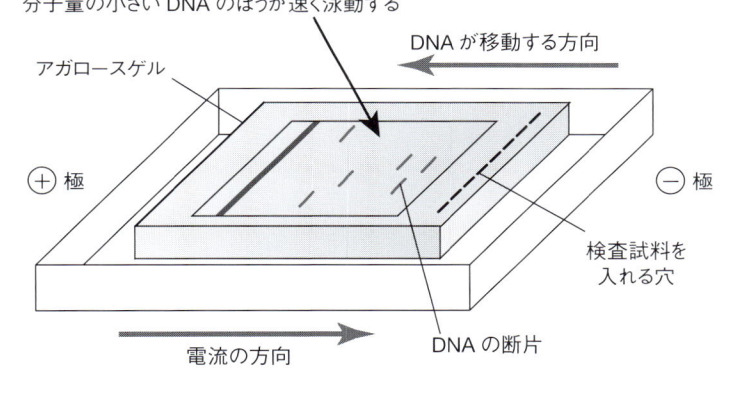

図6.1 DNAの電気泳動

DNAの分子量の違いにより一定時間における移動距離が異なることから，DNA鎖の長さ別に分離することができる

A 以下の英文を和訳せよ．

1. Small differences between related DNA molecules can be readily detected because their restriction fragments can be separated and displayed by gel electrophoresis.

2. In many types of gels, the electrophoretic mobility of a DNA fragment is inversely proportional to the logarithm of the number of base pairs, up to a certain limit.
《inversely proportional ＝ 反比例の》

3. **Polyacrylamide gels** are used to separate fragments containing up to about 1000 base pairs, whereas more porous **agarose gels** are used to resolve mixtures of larger fragments (up to about 20 kb). 《porous ＝ 多孔性の》

4. In certain kinds of gels, fragments differing in length by just one nucleotide out of several hundred can be distinguished.

5. A restriction fragment containing a specific base sequence can be identified by hybridizing it with a labeled complementary DNA strand.

6. A mixture of restriction fragments is separated by electrophoresis through an agarose gel, denatured to form single-stranded DNA, and transferred to a nitrocellulose sheet.

7. The positions of the DNA fragments in the gel are preserved in the nitrocellulose sheet, where they can be hybridized with a ^{32}P-labeled single-stranded DNA probe.

8. Autoradiography reveals the position of the restriction fragment with a sequence complementary to that of the probe.

9. The **polymerase chain reaction (PCR)** is a biochemical technology in molecular biology to amplify a single or a few copies of a piece of DNA across several orders of magnitude, generating thousands to millions of copies of a particular DNA sequence.
《amplify ＝増幅する》

10. In PCR technique, a heat denatured DNA sample is incubated with a heat-stable DNA polymerase, dNTPs, and two oligonucleotide primers whose sequences flank the DNA segment of interest so that they direct the DNA polymerase to synthesize new complementary strands.

11. **Site-directed mutagenesis** is used for investigating the structure and biological activity of DNA, RNA, and protein molecules, and for protein engineering.

12. The basic procedure for site-directed mutagenesis requires the synthesis of a short DNA primer. This synthetic primer contains the desired mutation and is complementary to the template DNA around the mutation site so it can hybridize with the DNA in the gene of interest.

(*Biochemistry* (3rd ed.) (L. Stryer), W. H. Freeman and Co., NY, 1988)

【用語解説】
・polyacrylamide (gel) electrophoresis（ポリアクリルアミド（ゲル）電気泳動）：PAGEと略す．ポリアクリルアミドを支持体とした電気泳動．DNAやRNAだけでなく，タンパク質の分離にも汎用されている．

- agarose gel electrophoresis（アガロースゲル電気泳動）：多糖類のアガロースを支持体とした電気泳動で，とくにDNA分析に汎用されている．例文中にあるように長いDNA鎖の分離にはPAGEよりも適している．
- Southern blotting（サザンブロット法）：考案者の名前が付けられたゲノムDNAの重要な分析手法．サザンハイブリッド（形成）法（Southern hybridization），あるいはより実際的にDNA blotting（DNAブロット法）ともいう．現在ではニトロセルロース膜以外の膜もこれに用いられており，非放射性標識したプローブも多く用いられている．
- polymerase chain reaction（PCR）（ポリメラーゼ連鎖反応）：DNA中の特定の部分を増幅する手法．反応温度の変化を自動的に制御するサーマルサイクラーと耐熱性のDNAポリメラーゼを用いて行う．
- site-directed mutagenesis（部位指定変異）：site-specific mutagenesis（部位特異変異）ともいう．合成DNAプライマーを用いて，DNA上の特定配列部分に任意の変異を導入する手法．塩基置換，塩基の挿入，欠失（deletion）などを導入することができる．

B 和訳

1. 関連したDNA分子間に存在するわずかな相違は，これらの分子の制限断片をゲル電気泳動によって分離し，表示することができるので，容易に検出することが可能である．

2. 多くの種類のゲルの場合，DNA断片の電気泳動による移動度は，ある範囲内でなら塩基数の対数と反比例関係になる．

3. 約1000塩基対程度の大きさまでの断片を分離するにはポリアクリルアミドゲルが用いられ，これより大きな鎖長（約20キロ塩基対まで）の断片の混合物を分離するには，より多孔性のアガロースゲルが用いられる．

4. ある種のゲルにおいては，数百ヌクレオチドの断片のうち，わずか1ヌクレオチドの長さの違いしかない断片でも区別することができる．

5. 特異的な塩基配列を含む制限酵素断片は，その断片を標識した相補的DNA鎖とハイブリッドを形成させることによって同定できる．

6. 制限酵素断片の混合物をアガロースゲル電気泳動によって分離し，一本鎖DNAの形態に変性させ，ニトロセルロースのシートに移す．

7. DNA断片の存在位置は，ゲルからニトロセルロースのシートに移しても変わらず，このシート上で^{32}P標識した一本鎖DNAプローブとハイブリッド形成させることができる．

8. オートラジオグラフィーをすることによって，プローブと相補的な配列をもつ制限酵素断片の位置が明らかになる．

9. ポリメラーゼ連鎖反応（PCR）は，単一コピー，あるいは数コピーのDNA断片を，何桁も増幅する分子生物学領域の生化学的技術であり，数千から数百万コピー数の特定DNA配列をうみ出す．

10. PCRの技術では，熱変性したDNAを，熱に対して安定なDNAポリメラーゼと各種のdNTP，さらに対象とするDNA断片の両端に近接した配列を備え，そこからDNAポリメラーゼが新しい相補鎖を合成していけるような2つのオリゴヌクレオチドプライマーとともに保温して反応させる．

11. 部位指定変異は，DNA，RNA，およびタンパク質の構造と生物学的機能を探るために，そしてタンパク質工学に用いられる．

12. 部位指定変異の基本的な操作には，短いDNAプライマーの合成が必要である．この合成プライマーは，望みとする変異をもつとともに，対象とする遺伝子DNAとハイブリッドを形成できるように，変異部位の周辺において鋳型DNAと相補的な配列をもつものである．

索引

英文索引

absorbance	24
acetic acid	9
active transport	43
adenine	42
adenosine triphosphate (ATP)	43
agar media	57
agarose gel electrophoresis	79
alkaline phosphatase	10
aluminium	6
amino acid	11
anabolism	41
antibiotic	9
antibody	50
anticodon	71
antigen	50
aspirator	21
ATP	41, 44
autoclave	28
bacteria	57
bacteriophage	70
base	36
base pair (bp)	69
biohazard	32
blotting	79
boil	24
brain	52
broth	29
buffer	31
calcium	6
callus	61
cancer	66
cap	20
carbohydrate	12
carbon	6
catabolism	41
catalysis	40
cell	33
cell fusion	62
cell membrane	34
cell wall	33
centrifugation	34
chlorine	6
chloroform	8
chloroplast	35
chromatography	26
chromosome	36
circular DNA	73
citric acid	10
clean bench	32
clone	66
codon	71
colloid	16
competent cell	74
complementary DNA (cDNA)	12
concentrate	25
concentration	25
copper	6
culture	28
culture dish	58
culture flask	29
cyclicAMP (cAMP)	13
cytochrome	11
cytoplasm	33
cytosine	37
cytosol	35
de novo	14
decantation	21
deletion	79
density	27
deoxynucleoside triphosphate (dNTP)	70
deoxyribonuclease (DNase)	10
deoxyribonucleic acid (DNA)	12
detect	77
digest	76
dilute	21
dilution	21
diploid	65
dissolution	21
dissolve	21
distilled water	24
double helix	38
electron microscope	34
electron transport system	47
electrophoresis	31
endoplasmic reticulum (ER)	35
enzyme	10
ethanol	9
ethidium bromide	9
eukaryotic cell	34
exon	71
exonuclease	10
experiment	17
expression	69
fermentation	14
fetal bovine serum (FBS)	29
filtration	21
flask	19
freeze	29
freezer	28
fungi	29
gene	36
genetic recombination	76
genome	58
glucose	12
glycolytic pathway	47
Golgi body	35
gradient centrifugation	27
guanine	37
haploid	68
heat	24
heating block	29
hemoglobin	13
histone	38
hormone	54
host	73
HPLC (high performance liquid chromatography)	26
hybridization	77
hybridoma	63
hydrochloric acid	8
hydrogen	6

immunity	48		plasma membrane	34
immunoglobulin (Ig)	11		plasmid	73
in situ	30		plate	29
in vitro	64		polyethylene glycol (PEG)	63
in vivo	64		polymerase chain reaction (PCR)	78
incubator	32		potassium	6
infection	49		precipitate (ppt)	27
inhibitor	40		primary culture	61
injection	68		primer	78
inoculate	58		probe	77
inoculation	58		product	15
intron	71		prokaryotic cell	34
iodine	6		protease	10
iron	6		protein	10
isolate	21		protein synthesis	71
isolation	21		purification	21
kinase	10		purify	21
lactic acid	10		purine	37
lactose	12		pyrimidine	37
ligase	11		quantity	4
ligation	77		radioisotope	5
lipid	10		reaction	15
liquid medium	29		reagent	9
liver	50		reduction	15
lymphocyte	49		refrigerator	28
macrophage	49		replication	73
magnesium	6		respiration	46
maltose	12		restriction enzyme	75
medium	58		ribonuclease (RNase)	10
messenger RNA (mRNA)	12		ribonucleic acid (RNA)	12
metabolism	41		ribose	12
method	58		ribosomal RNA (rRNA)	12
microscope	30		ribosome	69
minimal medium	58		rinse	17
mitochondria	35		room temperature	20
mix	22		saline	9
mixer	22		saturate	40
mixture	22		screening	64
monoclonal antibody	66		sequencing	75
mutagen	78		serum	65
mutation	78		shaker	22
myeloma	66		sodium	6
neuron	53		sodium carbonate	8
nitrogen	6		sodium chloride	8
nuclease	10		sodium dodecyl sulfate- polyacrylamide gel electrophoresis (SDS-PAGE)	31
nucleolus	33		sodium hydroxide	8
nucleoside	37		solution	21
nucleotide	37		specificity	50
nucleus	35		splicing	71
organ	55		sterilization	28
organelle	34		sterilized water	24
oxidation	15		stir	22
oxygen	6		stirrer	22
phage	70		stirring	22
phenol	9		storage	17
phospholipid	10		store	17
phosphoric acid	8		substrate	40
phosphorus	6		sucrose	12
photosynthesis	35		sulfur	6
pipet	18		sulfuric acid	8
plaque	29			

supernatant (supe)	27
suspend	27
suspension	27
synthesis	71
test tube	20
thymine	37
tip	19
tissue culture	29
titration	25
transcription	70
transfer RNA (tRNA)	12
transformation	74
translation	70
ultrapure water	24
uracil	38
vector	73
virus	70
volume	3
water bath	23
weight	2
yeast	29
zinc	6

和文索引

あ行

アガロース	31
アデニン	37
アミノ酸	11
アミラーゼ	10
RNA分解酵素	10
RNAポリメラーゼ	70
異化	41
遺伝子	36
遺伝子組換え	76
ウイルス	62
エキソヌクレアーゼ	10
SI単位	1
エネルギー	3, 44
エピトープ	66
塩基	37
遠心分離	27
温度	3

か行

解糖系	45
化学式	15
核	35, 38
核酸加水分解酵素	10
獲得免疫	48
撹拌	22
加水分解酵素	10
加熱	23
カルス	61
環状DNA	73
希釈	21
キナーゼ	10
グアニン	37
クエン酸	10
クエン酸回路	45

グルコース	12
クローン	66
クロマチン	36
クロマトグラフィー	26
形質転換	74
計数器	30
ゲル電気泳動	77
原核	34
原子	5
元素	5
元素記号	6
元素名	6
顕微鏡	30
抗原	50
恒常性	52
抗生物質	9
酵素	10, 41
酵素反応	39
抗体	50, 64
国際単位系	1
コドン	71
コロイド	16
コロニー	59
混合	22

さ行

最小培地	58
細胞	33
細胞小器官	35
細胞膜	34
細胞融合	62
時間	2, 4
試験管	20
脂質	10
脂質(加水)分解酵素	10
自然免疫	48
実験器具	17
実験台	32
質量百分率	3
質量分析	26
シトシン	37
試薬	9
周期表	7
重量	2
宿主	73
受容体	56
蒸留	23
秤量	18
触媒	40
真核	34
神経	51
数の表現	1
スクリーニング	77
制限酵素	75
生体分子	9
絶対温度	3
洗浄	17
線状DNA	74
染色体	36, 38
相補的DNA	12

た行

代謝	14, 41
体積百分率	3
脱リン酸化酵素	10
単位系	1
炭水化物	12
タンパク質	10
タンパク質（加水）分解酵素	10
タンパク質合成	71
単離	21
チミン	37
DNA分解酵素	10
DNAポリメラーゼ	39, 70
TCA回路	45
デオキシリボ核酸	12, 36
デオキシリボヌクレアーゼ	10
滴定	25
電気泳動	31
電子伝達系	47
転写	69, 70
糖	12, 37
同位体	5
同化	41
トランスジェニック	67
トランスファーRNA	12, 71

な行

内分泌	55
長さ	2
二酸化炭素	8
二重らせん	37
乳酸	10
ニューロン	52
ヌクレアーゼ	10
熱量	3
脳	52
濃度	3
能動輸送	43

は行

胚	68
培地	28, 58
ハイブリダイゼーション	77
ハイブリドーマ	63
培養	28, 57
発現	69
反応式	15
ビーカー	20
ヒストン	38
微生物	50, 57
ピペット	18
ピルビン酸	10
複製	69
沸点	23
フラスコ	19
プラスミド	73
プロテアーゼ	10
ベクター	73
ペプチダーゼ	10
ペプチド（加水）分解酵素	10
ヘモグロビン	13
ホスファターゼ	10
保存	17
ポリアクリルアミドゲル電気泳動	31
ポリメラーゼ連鎖反応	77
ホルモン	54
翻訳	69

ま行

ミカエリス定数	40
ミトコンドリア	35, 44
無機化合物	8
滅菌	28, 58
メッセンジャーRNA	12, 71
免疫	48
免疫グロブリン	14, 50
モノクローナル抗体	62, 64

や・ら行

有機化合物	9
溶液	21
溶質	21
溶媒	21
リガーゼ	11
リボース	12
リボ核酸	12, 36
リボソームRNA	71
リボヌクレアーゼ	10
量	4
リン酸	8, 37
リン酸化酵素	10
リン脂質	10
漏斗	21
ろ過	21

著者紹介

池北雅彦（いけきたまさひこ）　薬学博士
　1975年　東京理科大学大学院薬学研究科修了
　現　在　公立大学法人山陽小野田市立山口東京理科大学 理事長

田口速男（たぐちはやお）　農学博士
　1983年　東京大学大学院農学研究科修了
　元　　　東京理科大学理工学部応用生物科学科 教授

NDC460　94p　26cm

新バイオテクノロジーテキストシリーズ
バイオ英語入門（えいごにゅうもん）

2013年 3月25日　第 1 刷発行
2025年 1月16日　第12刷発行

監　修　NPO法人日本バイオ技術教育学会（エヌピーオーほうじんにほんぎじゅつきょういくがっかい）
著　者　池北雅彦・田口速男（いけきたまさひこ・たぐちはやお）
発行者　篠木和久
発行所　株式会社　講談社
　　　　〒112-8001　東京都文京区音羽 2-12-21
　　　　　販売　(03) 5395-5817
　　　　　業務　(03) 5395-3615
編　集　株式会社　講談社サイエンティフィク
　　　　代表　堀越俊一
　　　　〒162-0825　東京都新宿区神楽坂 2-14　ノービィビル
　　　　　編集　(03) 3235-3701
本文データ制作　株式会社エヌ・オフィス
印刷所　株式会社平河工業社
製本所　株式会社国宝社

落丁本・乱丁本は、購入書店名を明記のうえ、講談社業務宛にお送りください。送料小社負担にてお取替えいたします。なお、この本の内容についてのお問い合わせは、講談社サイエンティフィク宛にお願いいたします。定価はカバーに表示してあります。

© Masahiko Ikekita and Hayao Taguchi, 2013

本書のコピー、スキャン、デジタル化等の無断複製は著作権法上での例外を除き禁じられています。本書を代行業者等の第三者に依頼してスキャンやデジタル化することはたとえ個人や家庭内の利用でも著作権法違反です。

JCOPY　〈㈳出版者著作権管理機構 委託出版物〉

複写される場合は、その都度事前に㈳出版者著作権管理機構（電話 03-5244-5088、FAX 03-5244-5089、e-mail: info@jcopy.or.jp）の許諾を得てください。

Printed in Japan

ISBN 978-4-06-156351-3

講談社の自然科学書

NPO法人日本バイオ技術教育学会監修
新・バイオテクノロジーテキストシリーズ〈全5巻〉

分子生物学　第2版	池上正人／海老原 充・著	207頁・税込3,850円
遺伝子工学　第2版	村山 洋ら・著	175頁・税込2,750円
生化学　第2版	小野寺一清／蕪山由己人・著	207頁・税込3,960円
新・微生物学　新装第2版	別府輝彦・著	167頁・税込3,080円
バイオ英語入門	池北雅彦／田口速男・著	94頁・税込2,420円

《シリーズの特徴》
■新たな一流の執筆陣により，内容を全面的に刷新
■現代バイオ技術に必要な知識がもれなくわかる
■中級バイオ技術者認定試験のキーワードに対応
■本文2色刷り＋豊富なイラストで見やすくわかりやすい
■章末の「まとめ」で知識の定着を図ることができる

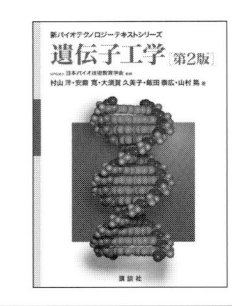

よくわかる バイオインフォマティクス入門
藤 博幸・編
B5・205頁・税込3,300円
バイオインフォマティクスの全体像が初心者にもよくわかるように解析手法の概要を解説する。立体構造や配列情報がカラーで見やすい。

エッセンシャル 植物生理学 農学系のための基礎
牧野 周／渡辺正夫／村井耕二／榊原 均・著
B5・272頁・税込3,520円
植物科学誕生や食糧生産の歴史、直面する食糧問題からスタートし、近年発展が著しい遺伝学やゲノム科学についても取り上げた。
コラムや欄外の注も豊富で楽しく学べる1冊。

京大発！ フロンティア生命科学
京都大学大学院生命科学研究科・編
B5・333頁・税込4,180円
京大発の大学生向け教科書。「学部を問わず、学生がまず初めに取り組むべきテキスト」をコンセプトに編集。生命科学の基礎に最新トピック、コラムも満載。

ひとりでマスターする 生化学
亀井碩哉・著
A5・329頁・税込4,180円
複雑な代謝経路や反応式について、つまずきやすいポイントをおさえて丁寧に図解した。基本事項をもれなくカバーしつつ、ひとりでもこなせるレベルとボリュームにまとめてあるので自習に好適。

これからはじめる人のための バイオ実験基本ガイド
武村 政春・編著
杉村 和人／園田 雅俊／村雲 芳樹・著
A5・222頁・税込2,970円
DNA・RNAを扱う実験、タンパク実験、細胞培養、動物・微生物を扱う実験、試薬の調整や保存、電気泳動、PCRなどを解説！

大学1年生のなっとく！ 生物学 第2版
田村隆明・著
A5・224頁・税込2,530円
本当に重要な項目を厳選して掲載。やさしい文章でわかりやすく解説しているので、高校で生物学を履修していない学生でも大丈夫。学習効率がさらに高まる演習問題と重要語句が隠れる赤シート付きで参考書としても最適。

講談社サイエンティフィク　https://www.kspub.co.jp/　「2024年11月現在」